# 하천개발은 바다환경을 어떻게 변화시킬까?

# 하천개발은 바다환경을 어떻게 변화시킬까?

宇野木早苗 著
윤 양 호 역

전남대학교출판부

우주공간에서 바라본 녹색의 지구, 지구에 생명 현상은 물론 환경조절도 바다가 있기 때문에 가능하다. (사진출처: http://veimages.gsfc.nasa.gov)

# 머리말

일본정부가 구마모토현(熊本縣) 구마강(球磨川) 지류에 건설을 진행하는 가와베강(川辺川) 댐은 이미 주변공사가 거의 완료되어, 현재는 댐 본체의 건설공사만 남겨 놓고 있다. 이 댐 건설에 의해 야츠시로만(八代海)에 미치는 환경영향의 검토를 일본 자연보호협회로부터 의뢰 받고 조사를 시작한 필자는 다음과 같은 내용의 조그만 신문기사에 눈이 멈췄다. 그것은 야츠시로만 어민들이 댐 건설 이후 바다 환경이나 어업에 미치는 영향을 염려하여 건설의 중지를 중앙행정기관에 호소하는 것이었다. 어민들은 지금까지 구마강에 건설된 3개의 댐에 의해 큰 피해를 입고 있으며, 저수용량이 기존 댐의 합계 보다 2.2배나 큰 새로운 거대 가와베강 댐이 건설되면, 더욱 큰 해양환경 변화 및 그에 따른 수산피해를 입을 것을 염려하여 불안을 호소하는 것이었고, 이에 대하여 중앙행정 담당자는 건설하는 새로운 댐이 바다와 멀리 떨어진 상류에 건설되는 것이기에, 댐 건설에 의해 바다 환경에 영향을 미친다는 것은 이해할 수 없는 것으로서, 피해가 있다면 증거를 제시하라고 한 내용이었다.

이 기사의 내용은 국가의 하천개발 담당 행정부서가 얼마나 바다와 강의 연결고리에 무관심할 뿐만 아니라, 바다와 하천의 관련성에 대해 매우 잘못 이해하고 있는 것인지와 지금까지 국가의 하천개발에 근시안적으로 강물이 유입되는 바다환경을 전혀 고려하지 않고 추진하여 왔는가를 짐작하게 하는 것이었다. 이에 대해서는 담당 행정부서만이 아니라 하천의 환경에 관심을 갖는 사람들도 댐 사업 등을 포함한 하천사업이 바다에 미치는 영향에 대해서는 일반적으로 하천 내부에 비해 그다지 큰 관심을 갖지 않은 것으로 생각된다. 또한 현재 댐 문제가 여론의 주목을 받고 있다고는 하지만, 댐의 철거를 포함하여 수많은 출판 서적에 댐 건설이 하천을 통해 바다에 미치는 영향에 대해 설명한 것은 극히 제한되어, 몇 권에 지나지 않으며, 바다에 가까운 하구언의 경우에도 하구를 넘어 바다의 개방해역까지 영향을 고려한 것은 거의 없는 실정이다.

지금까지 강은 강, 바다는 바다로 행정상 별개로 생각하였고, 학문의 장에서도 거의 독립하여 연구를 진행하여 왔다. 더욱이 연안환경의 변화에는 연안개발의 영향이 더욱 강하게 작용하기에 하천사업의 영향을 연안사업과 구분하여 명확히 인식하고 지적하는 것은 매우 곤란하다는 원인에도 있다. 다만, 파도가 험한 해안의 침식을 발생시키는 것 등에 대해서는 비교적 그 원인이 잘 알려져, 하천사업 및 연안개발에 의한 구분이 어느 정도 가능하다 할 수 있다.

그러나 강은 물과 모래와 영양물질을 바다로 운반하여 해수와 해안을 함양하는 매우 중요한 역할을 수행하고 있기에, 바다에 있어 없어서는 안 될 불가결의 존재이다. 강에서 유입되는 물질이 만들어 내는 갯벌이나 천해해역은 해양생물의 산란이나 치어의 성육장소일 뿐만 아니라, 바지락 등 유용 수산자원의 훌륭한 어장이기에, 끊임

없는 자연의 혜택을 발생시키는 원천이라 할 수도 있다. 그래서 강의 상류, 중류, 하류를 불문하고, 댐이나 뚝 등의 하천사업에 의해 하천수나 모래의 흐름이 단절되면, 하천만이 아니라 바다에서도 환경이 악화되어 생물도 감소하고 어업은 쇠퇴하는 일이 종종 발생한다. 그러나 이와 같은 실태가 명확하게 파악된 예는 매우 드물다.

지구의 강과 바다와 같은 물의 저장 및 수송로는 광대한 태양계에서 오직 지구에서만 볼 수 있는 매우 중요한 존재이다. 그러나 강과 바다의 연결고리가 충분히 이해되고 있지 않기에 하천사업으로 인해 위에서 설명한 것과 같은 심각한 문제가 바다에서 발생하고 있다. 필자는 거듭하여 바다에 있어 하천의 중요성을 고려하여 "강과 바다는 수계일체(水系一體)"로 생각하여야 한다는 것을 주장하여 왔다. 그 이후 일본에서도 1997년에 하천법이 개정되어 "유역일체"라는 생각이 도입되었지만, 실제로는 해안까지로 제한되어 있어, 현재에도 하천사업이 바다에 미치는 영향에 대해서는 전혀 고려되고 있지 않다. 예를 들면 강하게 건설을 밀어 붙였던 나가라강(長良川)의 하구둑과 이세만(伊勢灣), 구로베강(黑部川)의 다시히라(出平)댐과 댐의 퇴적물이 계속하여 유출되는 도야마만(富山灣)의 상황을 보면, 이와 같은 내용을 보다 명확히 이해 할 수 있다. 또 건설계획이 추진되는 단계에서는 가와베강 댐과 야츠시로만, 도요강(豊川)의 시타라(設樂)댐과 미카와만(三河灣)의 경우에도 건설당국의 대응을 보면, "강과 바다는 수계일체"의 관점과는 거리가 멀다.

따라서 본서는 이와 같은 사정을 고려하여 강이 바다에 있어 얼마나 중요한가? 그리고 댐이나 뚝 등의 하천사업에 있어, 강에서 바다로 물, 모래, 영양물질 등의 흐름이 단절되었을 때, 바다는 어떤 심각한 문제에 봉착할 것인가? 등에 대해 일본의 예를 중심으로 기술하고자 한다. 단 이 문제는 지금까지 연구된 내용이 적고, 자료가 매우 빈약하기에 한정된 몇 개의 토픽을 중심으로 이야기 할 수밖에 없고, 내용에 있어서도 학문적으로 불충분한 부분이 다수 존재한다. 또 필자는 파랑, 조석, 흐름 등의 해양물리가 전문이기에 물리적인 화제가 중심이 되어, 내용이 편협적일 수밖에 없음을 미리 양해 바라는 바이다. 따라서 부족한 부분이 많다고 생각되지만 하천사업과 바다와의 관계를 처음으로 다각적 시야에서 접근한 이 소책자가 독자들이 하천과 바다가 일체라는 내용을 생각하는 계기가 된다면 다행으로 생각한다.

본서의 출판 내용에 대해 나의 80 인생후반에 있어, 30수년 동안 전문분야는 다소 다르나 강과 바다의 연결고리에 관련한 문제를 같이 배우고 격려하여 온 나고야(名古屋)대학 명예교수인 西條八束 博士에게 많은 도움을 받았다. 그리고 市野和夫, 奧田節夫, 佐々木克之, 領木揮明, 松川康夫씨에게는 원고를 읽고 귀중한 조언을 받았다. 또 생물연구사의 편집부 모두에게는 이 책을 보다 읽기 쉽게 하기 위한 노력을 제공 받았다. 이 자리를 빌어 모든 관계자에게 심심한 감사를 표한다.

2005년 4월

우노키 사나에

# 역자 머리말

지구는 우리인류가 이용하여 소모하는 대상이 아니라 생활의 장소로서 이용하고, 원래 상태를 보전하여 후세에게 물려주어야만 하는 우리의 삶이 터전이다. 그러나 최근 인류에 의한 무분별한 개발 행위와 그에 따른 환경의 불균형 및 파괴현상은 인류의 공동 삶의 터전인 지구환경을 매우 교란시키고 있으며, 그에 따른 인류는 이상기후와 같은 다양한 환경재앙에 직면하고 있다. 바다에서도 인간 활동과 가장 밀접한 관계를 가지며, 해양생태계의 출발점이 되고 있는 연안 해역을 중심으로 매립, 간척, 준설 등에 의한 지형 및 연안환경의 변화는 해역의 흐름과 생물의 서식장 및 성육장의 소멸로 연결된다. 이와 같은 환경변화는 급격한 수산자원생물의 감소를 나타내어, 연안 어어민의 생활을 붕괴시키기도 하지만, 연안 및 내만해역에서 적조발생 및 패류 독화 등을 발생시켜 양식생물의 대량 폐사 및 인류의 공중위생 문제까지 확대시켜 막대한 사회적 손실을 가져오는 것을 우리는 어렵지 않게 매년 대중 매체를 통해 연중 행사로 접하게 된다.

지구의 다양한 환경문제에서 인류생존에 직접적인 영향을 주는 수자원(水資源) 문제는 하나의 하천 등 단편적이면서 지협적 평가에 의해 판단할 수 있는 내용이 아니라, 지구 전체 수권(水圈)을 하나의 시스템으로 보아, 각 수계의 역할과 상호 균형에 대한 내용을 숙지하고, 항상성의 유지와 순환과정의 방해가 없도록 해야만 한다. 즉 지구의 물 중 97% 이상은 바다에 존재하고, 나머지 3% 미만만이 육상에 분포한다. 육상에서도 극지방의 빙하를 제외하면 지구 전체에서 1%도 안되는 매우 적은 양만이 우리가 직접 이용할 수 있는 호수, 하천 및 지하수의 수자원으로 존재한다. 따라서 지구는 바다의 물에 의해 전체의 수자원이 조절될 수밖에 없는 숙명적 운명을 타고 났다고 할 수 있다. 즉, 표면에서 증발한 순수한 물은 대기를 통해 육상으로 공급되어, 비로서 대지를 적신다음 하천을 통해 공급한 양만큼을 돌려받는 순환 시스템을 나타낸다. 이 과정에서 바다는 기체상태의 순수한 물을 공급하고 되돌려 받을 때에는 액체상의 물에 이자의 형태로서 다양한 육지의 토양성분을 포함시키게 된다. 즉 바다는 하천을 통해 되돌려 받는 물에 포함된 다양한 육상기원의 물질(원소)에 의해 바다 생물의 성장을 유지하게 된다. 지구는 이와 같은 순환과정을 통해 상호보완적 균형을 나타내며, 하천은 육상에서 바다로 물과 영양분을 공급하는 통로의 역할을 하게 된다.

따라서 하천에서 인위적으로 수행되는 모든 행위는 바다와의 거리가 멀고, 가깝고를 떠나 해양환경에 영향을 미칠 수밖에 없고, 지속적인 순환과정에서 결국 최종적으로는 재차 육상에까지 영향을 미치게 된다. 그러나 현재까지 국내의 하천에서 이루어지는 모든 사업은 하천을 별개 대상으로 취급하여 시행되고 있고, 이와 같은 순환적 개념까지 검토하여 실시하는 예는 전무하다 할 수 있다.

본서는 이와 같은 지금까지의 관행이 최근 하천법의 개정 등을 통해 일부 변화가 보이고 있지만, 행정당국이 지구환경 시스템을 이해하지 못하여 발생하는 현상이다. 그리고 하천사업에 따른 해양환경변화를 연안의 개발사업과 구분하여 명확한 기여율을 나타내는 것은 쉽지 않다. 라는 두 가지 내용을 전제로 하면서, 실제 일본에서 하천개발이 진행에 따라 다양한 연안 해역에서 발생하는 해양환경 문제들, 즉 해안침식, 지반침하, 하구의 흐름변화, 해양환경오염, 그리고 갯벌소멸에 의한 수산자원의 감소 및 황폐화 등을 하천개발 전후의 상황과 비교하면서 검토하고 있다. 이와 같은 해양환경변화 모두가 하천개발에 의해서만 발생하는 것이라 단언할 수는 없지만, 수많은 학자들이 조직적이고 종합적으로 다양한 해역에서 수 십년에 걸친 연구결과의 실질적 사례를 중심으로 보편적인 고찰을 실시하고 있다.

하천개발 특히 댐 건설 등에 의한 막대한 수자원의 정체현상은 건설 이후 사업 전에는 예측하지 못한 부분까지 막대한 영향을 주는 것은 실예로서 잘 알려지고 있다. 이는 댐 건설에 의해 막대한 경제적 효과를 보았다고 하여, 하천개발의 세계 최대 성공작품이라는 이집트의 아스완하이댐에 대해서는 현재에는 긍정적 효과가 부정적 효과를 초과한다고 장담하지 못하고 있으며, 중국에서 최근 완공된 양자강 중류의 산샤댐의 경우도 명백하게 밝혀지지는 않았지만, 최근 발생한 대규모 지진이 댐호수가 원인이라는 가설이 제기되었다. 또 일본에서는 댐 호수가 강수량에 의해 수위가 정기적으로 변화되면서, 물의 압력 변화에 따라 댐 호수 상류의 마을에 지반변동을 가져와 마을을 이주 시키는 일 등, 바다와 직접 관련되지는 않지만, 하천개발에 대한 심각한 부작용들이 보고되고 있다.

국내에서도 최근에는 4대강 개발에 대한 정치권 및 학계, NGO단체 등을 중심으로 다양한 토론 등이 이루어지고 있지만, 장기간에 걸친 객관적 자료를 근거로 하는 내용이 아닌, 단편적 실험결과나 이념적 경향에 따른 찬반토론만이 난무하며, 이런 와중에 실질적 사업은 추진되고 있다.

본서는 이런 면에서 하천개발에 대한 문제의 본질에 대한 방향성 제시 및 객관적 자료 제시할 수 있어, 육상, 하천은 물론 바다환경을 수행하는 환경환자, 학생, NGO활동가, 하천개발담당 행정가 등 환경문제를 접근하는 많은 사람에게 매우 유익한 자료가 되리라 판단된다.

끝으로 본 역서의 편집에 그래프 등을 재차 작성해준 안영규, 김승현 군, 그리고 출판의 기회를 제공해준 일본 생물연구사 오야후타니(大屋二三) 사장 및 발간의 편의를 제공해준 전남대학교출판부 직원들에게 심심한 감사를 드리며, 이 조그마한 책자가 국내의 하천 및 해양환경 문제를 접근하는데 도움이 될 수 있었으면 하는 바램을 가져 본다.

2010년 11월<br><br>미항 여수 둔덕골에서<br>윤 양 호

목차

## 제 1 장 바다환경을 악화시키는 하천사업



## 제 2 장 바다의 영향을 고려하지 않은 하천행정

## 제3장 강이 키우는 해안과 바다의 흐름



## 제4장 강이 키우는 해수와 생명



## 제5장 심하게 오염된 미카와만과 도요강에서 취수의 관계

## 제6장 하구둑이 강과 바다에 미치는 영향



## 제7장 이사하야만의 거대 하구둑은 아리아케만을 어떻게 변화시켰을까?

## 제8장 강에서 모래 공급이 격감한 해안의 참상



## 제9장 어장을 괴멸시킨 구로베강 다시히라 댐의 모래 배출



## 제10장 구마강의 댐건설 이후의 야츠시로만

## 제11장 가와베강 댐은 야츠시로만에 어떠한 영향을 줄 것인가?



## 맺음말

# 제1장

# 바다환경을 악화시키는 하천개발

**앞쪽 사진**

세계최대 인공호를 형성시킨 중국 싼샤댐의 위성사진. 싼샤(三峽)댐: 높이 185m, 길이 2,309m, 너비 135m로, 최대 저수량은 390억 톤, 최고 수위는 175m, 1일 발전량은 1800만㎾(연간 847억㎾)로서, 양쯔강(揚子江) 중상류인 중국 후베이성(湖北省) 이창(宜昌)의 취탕샤(瞿塘峽)·우샤(巫峽)·시링샤(西陵峽) 등 싼샤(三峽: 장강삼협)를 잇는 세계 최대의 댐이다. 1992년 공사를 시작해 2009년에 완공되며, 1997년 11월 1차 물막이 공사가 끝나고, 2003년 7월 70만㎾ 용량의 1호 발전기가 가동되고 있다. 2009년 공사가 완료되면 양쯔강을 따라 길이 660km, 평균 너비 1.1km, 총면적 632km$^2$, 총저수량 390억 톤에 달하는 거대한 인공호가 만들어진다. 이 저수량은 일본 전체의 담수량과 맞먹는 양으로, 27억 톤인 소양호 저수량의 13배가 넘는다. 공사가 끝나면 충칭(重慶)까지 1만 톤급 선박이 운항해 고속도로 4~6개에 버금가는 물류 혁명이 일어나고, 10년 주기로 찾아오는 양쯔강 홍수가 100년 단위로 늦춰지며, 댐 일대를 중국 최대의 관광지 가운데 하나로 개발함으로써 21세기 중국의 지도를 바꾸게 될 것으로 중국 정부는 내다보고 있다. 그러나 이러한 경제적 이익과는 달리 부작용도 많이 나타나고 있다. 1,087건(지상 364건, 지하 723건)에 달하는 문화재 가운데 보존 가치에 따라 이전되거나 현지에 보존되는 지상 문화재 287건을 제외한 모든 문화재가 그대로 수몰된다. 또 완공 후 유량 감소로 인해 양쯔강의 수질오염이 10배 이상 증가하고, 양쯔강 물의 해양 유입 감소로 인해 서해와 동해의 염분농도가 증가해 한국 등 주변국의 기온 상승은 물론 해양 생태계에도 심각한 영향을 미칠 것으로 보고 있다. (출처: www.google.com)

# 1. 강과 사람의 긴밀한 관계

지구의 다양한 물질순환에서 강은 육상물질이 바다로 수송되는 경로로서 매우 중요한 위치를 나타낸다. 또 해양, 특히 연안해역의 환경 및 생물생산을 형성하는 데에도 매우 중요한 역할을 한다[1]. 한편, 세계 4대 고대문명 발상지가 황하, 인더스강, 티그리스·유프라데스강, 나일강 등의 하천유역에서 발생한 것으로부터 알 수 있듯이 하천과 인접 유역은 인류의 생존과 생산 활동에 없어서는 안 될 중요한 지역으로, 인구의 많은 부분도 이곳에 집중되어 있다.

그러나 보다 편리함, 쾌적함, 풍요로움 그리고 보다 안전을 추구하는 인류의 채워지지 않은 욕망으로 인하여 하천은 크게 변화되어 왔다. 즉, 고조(高潮)[2], 홍수 등의 재해대책은 물론 관계수도, 상수도, 공업용수 등의 수자원 확보, 또 모래자원이나 발전에 의한 에너지자원의 개발을 위해 크고 작은 댐이나 둑이 건설되었고, 대규모의 하천개량이나 준설, 더욱이 대량의 채수나 모래 채취 등을 위한 하천사업이 매우 활발하게 실시되어 왔다. 이렇듯 하천만큼 사람의 손이 가해진 자연은 없다고 할 정도이다.

일본의 하천에 건설된 댐이나 둑 수는 1998년 말 완성된 것이 2,735개, 건설사업 중인 것이 476개, 계획조사 중인 것이 52개로 모

1) 본 장 말미에 보충상자(supplymatary Box)로서 번역자가 추가적인 설명을 하고 있음.

2) 밀물이 들어와 해면이 가장 높아진 상태를 말하지만, 태풍과 같은 기상에서는 기압이 내려감에 따라 해수면이 평상시보다 더욱 상승하여 육지로 바닷물이 유입되는 재해를 발생시킨다.

두 합치면 3,263개가 된다. 경사가 심한 지형, 급변하는 기상조건, 비좁은 국토 등의 자연조건 및 인구집중의 사회조건에서 강을 최대한 이용하기 위해 이와 같이 많은 수가 되었다고 생각된다. 우선 댐과 둑에 대한 용어 차이를 설명하여 둔다. 이전에는 강의 양측을 제방으로 연결하여 주로 수위조절을 목적으로 건설한 것을 둑, 양측의 높은 산을 연결하여 주로 유량을 조절하기 위한 목적으로 만들어 진 것을 댐이라고 하였다. 그러나 지금은 각각 목적이 단순하지 않아 목적에 의한 구별은 어렵게 되었고, 일본의 하천법에서는 기초시설

**사진 1.** 하천개발의 대명사인 댐. 사진은 대청댐 : 높이 72m, 길이 495m로 4대강유역 종합개발계획의 일환으로 1975년 3월 착공하여 1980년 12월 완공한 콘크리트 중력댐 및 사력(砂礫)댐의 복합식이다. 발전시설은 시설용량 9만 kW로, 연간 2억 5000kWh의 전력을 생산할 수 있다. 이 댐의 건설로 충남 · 충북 2개도의 4군 2읍 11면에 걸쳐 조성된 대청호는 면적 129만6000m$^2$, 14억9000만 톤의 저수용량을 가진다.

로부터 제방의 끝부분까지의 높이가 15m 이상이면 댐, 그 미만이면 둑으로 구분한다.

하천에 댐이나 둑이 건설되면 바다에 어떠한 영향을 미치게 되는 것일까? 물론 바다의 환경변화는 단순하지 않고, 다양한 요인들이 복합적 작용에 의해 발생한다. 그러나 바다 환경변화는 연안개발에 의해 크게 영향을 받고 있어, 하천사업의 영향만을 명확하게 구분하여 지적하고 평가하는 것은 매우 어렵다. 그렇지만 본 장에서는 바다를 생활터전으로 하여 변화를 체감하는 현장 어민들의 증언을 중심으로 바다에 영향이 클 것으로 판단되는 3가지의 예에 대하여 개략하고, 이들에 대한 보다 구체적인 내용들은 다른 장에서 설명한다.

## 2. 야츠시로만의 경우 - 어민들의 증언

흥미 깊은 "이라누이(不知火)[3]"의 발생으로 유명한 이라누이카이(不知火海=八代海)[4]에는 구마강(球磨川)이 유입되고, 구마강에는 그림 1에

3) 이라누이(不知火) : 景行천황(일본 황실 계보의 12대 천황)이 海路火의 국(규슈의 부족국가인 히젠(備前) 및 히고(備後)를 나타냄)의 구마소(熊襲)를 정복할 때 어두운 밤에 많은 불이 해상에 나타나, 무사히 선박을 이용 해안에 도달할 수가 있었지만, 그 불이 어떤 불인지 아무도 몰랐다고 하여 붙여진 명칭이다. 이는 규슈(九州)의 야츠시로만(八代海)에서 음력 7월 말경 밤에 보이는 무수한 불의 그림자로 외해 쪽에 떠있는 오징어 잡이 배의 집어등 불빛이 수면부근의 냉기에 의해 굴절되어 다양한 형태로 변화하여 보이는 현상이다. 야츠시로만(八代海)의 별칭.

4) 야츠시로만(八代海) : 일본 규슈 서부에 위치하는 내만으로 위치는 부도 B를

표시한 것과 같이 3개의 댐, 즉 아라세(荒瀨)댐 (1954년 건설), 세도이시(瀨戶石)댐 (1958년) 및 이치후사(市房)댐 (1959년)이 건설되었다. 그런데 최근에 구마강의 지류 하천인 가와베강(川辺川)에 기존 3개 댐을 합친 것에 2.2배나 되는 저수용량을 가지는 거대한 가와베강 댐 건설이 계획되어 일부 착공되었다. 이 댐 건설에 대하여 바다 환경과 치수의 관점에서 많은 주민들이 격렬하게 반대를 하고 있다. 지금도 건설을 추진하는 국가와 이의를 신청한 주민 사이에 토론회가 계속 진행되고 있는 상황이다. 토론회는 국가와 주민에 설명할 책임은 없지만, 지방정부의 책임자인 潮谷義子 구마모토현(熊本縣)[5] 지사의 의향을 묻는 것으로부터 시작되었다. 토론회는 지금까지 아홉번

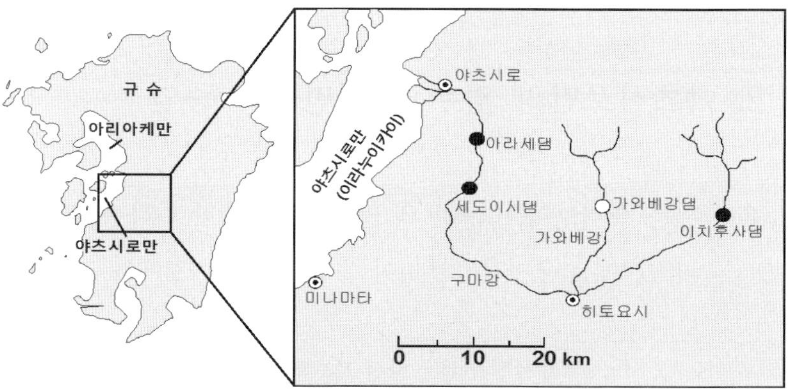


**그림 1.** 구마강(球磨川)의 기존 댐(●)과 건설예정 댐(○)

참조. 일본에서는 내만을 구분할 경우, 규모 등을 기준으로 나다(灘), 카이(海), 완(灣) 등으로 구분하지만, 그 구분이 명확하지 않고, 우리나라와 다소 다르기에 본서의 번역에서는 이들 모두를 "만(灣)"으로 표시한다.

5) 일본 규슈 중앙부에 위치하는 지방정부(위치는 부도 B 참조)로 우리나라의 행정구역으로는 도에 해당하는 지방정부이다.

개최되었고, 참가자 총수는 약 일만명에 달하여, 지금까지 일본의 환경문제에 관련된 주민 운동으로는 사례를 찾기 어려운 큰 규모이다. 이는 댐 문제가 얼마나 사회적으로 주목의 대상이 되고 있는가를 잘 나타내고 있다.

「바다에 관한 것은 어민에게 들어라」라는 말이 있다. 오랜 기간 매일 바다에서 피부로 바다의 변화를 실감하는 어민들 이야기에서 댐 건설에 동반되는 바다 환경변화의 실태를 이해하기로 하자. 증언에는 위에서 설명한 9회 토론회에서 어민 대표가 발언하였던 내용 및 그 때 어민들이 작성한 자료집에 기재된 설문조사 결과 및 필자가 직접 어민에게서 들었던 이야기들을 포함시켜, 다음과 같이 정리하였다.

### 1) 사라지는 해조(잘피)밭

예전에 구마강(球磨川)에 유출수가 확산되는 먼 곳까지 걸을 수 있는 갯벌과 잘피[6]밭이 분포하다. 지금은 볼 수 없지만 잘피가 어선의 스크루에 감겨 배가 움직이지 못하여, 감긴 잘피를 처리하느라 많은 고생을 하기도 하였다. 그리고 소형 어선 위에서 수 미터 밑에 살고 있는 조개나 고기 한 마리 한 마리, 또 어류가 잘피에 붙어 산란하는 것까지 볼 수 있을 정도로 물이 맑았다. 그러나 아라세(荒瀨)댐이

---

6) 바다의 현화식물로 일반적인 해산식물과는 달리 펄에 뿌리를 내려 서식하는 식물로, 연안해역의 펄의 포함된 모래사장 인근에서 쉽게 볼 수 있다. 해양동물의 산란, 성육은 물론 오염물질 정화에도 크게 기여하였으나, 최근 해역의 환경오염으로 많은 부분이 소멸되었고, 환경복원 차원에서 잘피이식 등이 이루어지는 대상 식물이다(사진 2 참조).

건설될 때부터 모든 생물의 산란장, 성육장이 되었던 잘피밭과 모래 갯벌이 사라졌고, 최근에는 점차 혼탁해지면서 해저 환경이 펄화 되는 경향이 강하게 진행되었다. 때문에 정치망[7](수심 7~8m인 해역)을 설치하려고 하여도 오염된 유기퇴적물(헤도로)[8]이 2m 이상 퇴적되고 있어, 어구 고정용 닻이 고정되지 않아 정치망 설치가 안되는 실정이다. 더욱이 하구역 중앙부에 넓게 분포하였던 삼각주도 점차 축소

**사진 2.** 투명한 연안해역의 펄 해저퇴적물에 군락을 이루는 잘피 모습

---

7) 고기가 다니는 길에 어망을 고정하여 고기를 잡는 어구를 총칭하며, 이각망, 삼각망, 대형정치망 등이 있다. 주로 해안에서 쉽게 보이는 육지에서 길게 부이가 연결되어 최종적으로 마른모의 다각형 형태로 설치된 어구의 대부분은 정치망을 나타낸다.

8) 적절하게 표현할 수 있는 국어 낱말이 없기에 헤도로로 표기한다. 헤도로는 흐름이 약한 해저 등에 매우 미세한 펄질에 다량의 유기물이 포함된 유기오염 퇴적물로서 불용성 유기물을 다량 포함한다. 지속적인 수질오염의 원인이 되며, 생물이 서식하기 어려운 환경을 만든다.

되다가 결국은 사라지고 말았다.

### 2) 자취를 감추거나 급격히 감소된 어패류

야츠시로만(八代海)은 과거에 바지락, 백합이 모래 속에 몇 겹의 층으로 생산될 정도로 풍부하였고, 우럭 등은 어린이라도 1시간이면 바구니를 가득 채울 정도 잡을 수 있는 풍요로운 바다였다. 그러나 최근 서식하는 어류의 종류는 물론 어획량도 전체적으로 감소하였다. 특히 치어[9]기에 잘피밭, 갯벌, 하구역을 이용하는 어류, 새우, 게류, 패류의 감소가 뚜렷하게 나타났다. 기본적으로 어장이 모래질의 퇴적상에서 펄로 변화함에 따라 잘피, 꽁치, 우럭, 피조개 등이 자취를 감추었다. 바지락은 일시적으로 부활되는 것처럼 많은 양이 생산되기도 하였지만, 최근에는 전혀 생산되고 않고 있다. 그래서 지금은 바지락, 새우, 가자미, 넙치 등의 어획대상 어종은 방류에 의존하고 있다. 이 외에도 옛날에는 대량으로 생산되었지만, 지금은 거의 자취를 감춰버린 생물들이 수도 없이 열거할 수 있다.

### 3) 댐 방류의 영향

댐의 하천수가 홍수 등으로 대량 방류될 때는 일반적인 물이 증가하는 것과는 달리 물의 색과 유입되는 속도가 다르다. 흐름이 강할 때는 소형 어선이나 정치망, 기타 어업시설이 물에 떠내려가는 경우

9) 어린 고기를 말하는 것으로, 자어(仔魚)와 치어(稚魚)를 합해 자치어(仔稚魚)라고 한다.

도 발생한다. 방류에 의한 오염 하천수가 강하게 유입될 때는 수면에 30㎝ 정도의 단차가 생기는 경우도 있으며, 바다 표면과 깊은 곳에서 물의 흐름이 다르게 되어 어망 등의 어구가 전개되지 못하는 경우도 발생한다. 강에서 자연 방출되는 물은 2~3일 정도 지속되는 경우가 많지만, 댐에서 방출되는 경우는 하루 정도의 단시간에 끝이 난다. 따라서 댐에서 방류할 경우는 강한 방류수에 의한 해저퇴적층에 골 모양의 지형을 변화시켜 하구부근 갯벌의 형태를 변화시킨다. 하천에서 유입된 헤도로는 해저 골에 축적되어 갯벌에서 메탄가스가 발생하는 경우도 보고된다. 탁수의 영향은 바람의 상황에 따라서도 변하지만, 1개월 정도 해역에 남아 있는 경우도 있다.

댐에서 하천수가 방류된 이후에는 하구 주변의 광활한 해역에 펄이 덮혀 어장환경이 악화되면서 패류나 잘피 등이 대량으로 폐사한다. 또 갑자기 담수가 덮힌 가두리에서는 양식어류가 죽고, 파래가 하루 밤사이에 없어지며, 염분이 변하기에 이동성 있는 어류, 새우 등이 다른 해역으로 이동하기에, 하구인근 해역에는 어장 형성이 되지 않은 경우도 발생한다. 일반적으로 적조는 많은 강수 이후에 기온이 높아지고 바람이 없을 때 발생하기 쉬운 경향이 있다. 날씨가 좋아지면 댐에서 방류한 다음 약 3일 정도 지난 다음에 발생한다. 적조가 발생하면 특히 바지락, 백합 등의 이매패, 쥐치 등의 치어가 피해를 입는다. 자연산 어류 등은 멀리 도망쳐 버리기에 어장 형성이 되지 않는다.

생물에게 있어 물이나 영양분도 적절한 양의 안정된 공급을 필요로 한다. 사람에게도 몇 개월분의 식량과 물을 한꺼번에 제공하면,

주어진 시간만큼 살 수는 있다고 하더라도 매우 곤란하게 된다. 그런데 하천에 댐이 건설되어 바다 생물에게도 이와 비슷한 일이 발생하게 된다면, 막대한 물과 영양분은 지속적이면서 적정량이 아닌 일시에 대량으로 공급되기 때문에 바다에 서식하는 생물에 커다란 장해를 미치게 된다.

### 4) 어부들의 실태

현재 야츠시로만(八代海) 연안에는 8,300명의 어민들이 어패류에 의해 생계를 유지하고 있으나, 이는 이전에 비해 대략 1/3 수준이다. 뿐만 아니라 현재 어업에 종사하는 대부분 어민들도 장래의 어업상황에 불안을 가지고 있기에, 어민 수는 시간의 경과와 함께 계속 감소되고 있다. 이 상황이라면 향후 어민 후계자가 문제가 아니라, 현재 어업에 종사하는 자신들의 생활 안정에 많은 불안을 느끼게 된다. 무엇이 이와 같은 현상을 발생시키고 있는 것일까? 에 대해서는 많은 원인을 생각할 수 있지만, 앞에서 설명한 것처럼 구마강(球磨川)에 건설된 댐의 영향도 클 것으로 생각된다. 이에 더욱 거대한 가와베강(川辺川) 댐의 건설은 한층 더 어업을 힘들게 만들 것으로 예상되어, 건설 주체에서 댐 건설이 바다에 영향이 없다는 납득 가능한 명백한 증거가 제시되지 않는 한, 가와베강(川辺川) 댐의 건설을 인정할 수 없다는 어민들이 호소이다.

## 3. 아리아케만의 경우

치쿠시지로(筑紫次郎)로 애칭되었던 치쿠고강(筑後川)은 아리아케만(有明海)[10)]에 유입되는 전체 하천 유입량의 거의 절반정도 유량을 나타내는 규슈(九州)에서 가장 큰 강이다. 치쿠고강이 유입되는 아리아케만의 가장 내만 해역의 조석간만의 차이는 6m를 넘어 일본에서는 조석차가 가장 크고, 이에 따라 일본에서 가장 넓은 갯벌을 가진다. 넓은 갯벌의 발달은 조석 차가 크다는 것이 원인이 됨은 말할 것도 없지만, 치쿠고강을 통한 대량의 토사가 유입되는 것도 크게 영향을 미치는 것으로 생각된다. 치쿠고강 상류에는 지금까지 여러개 댐이 건설되어 있지만, 1985년에 하구에서 23km 떨어진 곳에 대형인 치쿠고 둑이 건설되었다. 둑 건설 이전에는 하구에서 31km 상류까지 영향을 미치고 있었던 조석의 영향은 둑 건설로 매우 제한되어 둑까지로 영향의 범위가 축소되었다. 그 결과 조석간만 차이는 3m정도로 크게 약해져, 하천에 건설된 둑에 의해 바다의 자연현상이 매우 크게 영향을 받고 있음을 간접적으로 시사하고 있다.

어민들은 지금까지도 상류에 댐이 건설되어 바다 환경이 크게 변화하였다고 실감하고 있었지만, 새로운 둑이 건설된 다음에는 그와 같은 믿음이 더욱 확실하게 되었다고 입을 모우고 있다. 치쿠고 둑

---

10) 일본 규슈서부(위치는 부도 B 참조)에 위치하는 해역으로, 본래는 아리아케카이(有明海)로 불리우나, 번역서에서는 아리아케만으로 해석하였다. 본 해역은 일본에서 갯벌이 가장 발단되어 있는 해역으로, 김 및 이매패 생산이 높을 뿐만 아니라, 일본 연안에서는 짱뚱어 등 대륙연안성 어류의 출현이 보이는 해양환경 특성을 보이는 해역이다.

이 바다에 미치는 영향에 대하여 규슈(九州) 변호사회 연합회 소속의 변호사들이 탐문조사를 실시하였다. 이때 어민들의 이야기는 다음과 같다. 처음 어민들의 이야기는 둑 건설에 의해 바다에 모래가 감소하였다는 것이다. 모래 감소에 이어 지형이 변화가 발생하였고, 다음에는 갯벌과 잘피밭이 소멸되었으며, 조석의 흐름도 변화하였다. 또한 갯벌이 없어진 것에 대신하여 헤도로(오염된 퇴적물)가 축적되는 장소가 넓어져, 잘피밭이 사라졌다. 그 결과 플랑크톤[11]이 감소하여 플랑크톤을 먹이로 하는 어류가 모이지 않게 되었다. 갯벌에 서식하는 키조개, 가리맛조개 등 패류도 모습을 감추었다. 또 어민은 대형 둑 완성 이후에 하천 유량이 감소하여 모래가 없어질 뿐만 아니라, 바다 식물의 성장에 필요한 영양분 유입도 감소하고, 염분도 높아져 어장 환경이 악화되어 양식 김 품질은 떨어지고, 생산액도 감소하였다고 증언하고 있다. 치쿠고의 대형 둑 건설 이후의 하천수, 해수의 흐름 및 어장의 변화에 대해서는 이웃하는 지방정부인 구마모토현(熊本縣), 사가현(佐賀縣)[12]의 어민들에도 같은 내용의 이야기를 하고 있다.

그러나 치쿠고 대형 둑 관리자는 방류량이 매초 300m$^3$ 이상에서

11) 그리스어로 떠다니는 생물을 뜻하는 용어이다. 한글로는 부유생물로 번역되기도 하지만 최근에는 플랑크톤(plankton)이란 용어를 그대로 사용하고 있다. 플랑크톤은 운동력이 없거나 있더라도 매우 미약하여, 조류, 해류, 파도 등 해수의 유동에 따라 수동적으로 이동하는 생물을 나타낸다. 플랑크톤은 기능에 따라 일반적으로 광합성이 가능한 식물적 기능을 나타내는 생물군을 식물플랑크톤, 또한 식물플랑크톤을 섭식하여 생활하는 소비자적 동물 기능을 나타내는 생물군을 동물플랑크톤으로 구분한다. 본서에서 이야기하는 플랑크톤은 무기물질을 이용하여 유기물을 만드는 식물플랑크톤을 주로 가리킨다(사진 3 참조).

12) 일본 규슈의 서북쪽에 위치하는 지방정부로서 위치는 부도 B를 참조.

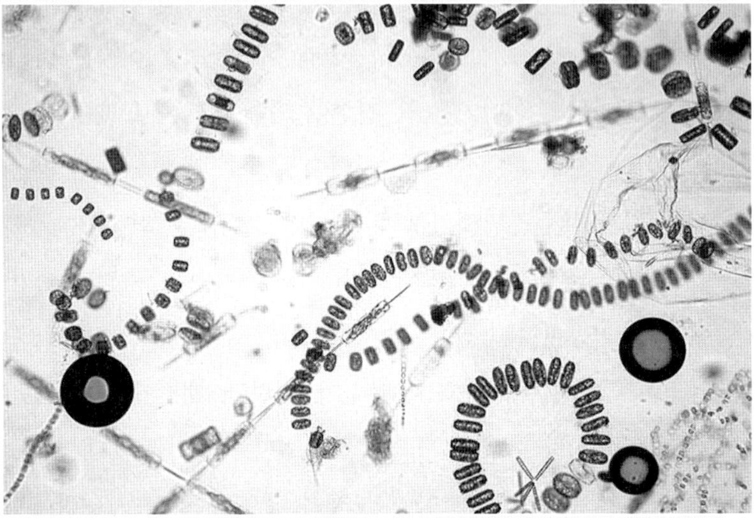

**사진 3.** 해양의 주요 식물플랑크톤(규조류) 형태 (현미경을 통해서만 형태 확인이 가능하다)

는 둑 수문의 밑부분을 개방하여 물을 방류하고 홍수 때에는 둑 수문 전체를 열어 방류하여 하천에서 바다로 흘러가는 모래의 전체량은 감소될 수 없다고 증언하고 있으나, 어민들은 이를 납득하는 것 같지 않다. 또 치쿠고의 대형 둑 이외에도 그 보다 조금 상류에 건설된 시모우케(下筌)댐과 기타의 댐에 퇴적하는 모래의 양도 많을 것으로 추정되며, 하천개량을 위해 파낸 모래도 적지 않을 것으로 생각한다. 더욱이 하천바닥에서 많은 양의 모래를 채취하여 2002년까지 약 460만$m^3$라고 하는 막대한 모래를 채취하였다. 따라서 바다로 유출되지 않은 모래의 양은 막대하며, 어민들이 실감하는 것처럼 모래에 의한 바다의 영향은 클 것으로 판단된다.

치쿠고(筑後) 대형 둑을 포함한 하천사업이 아리아케만(有明海)의

해양 환경과 어업에 미치는 영향에 대한 연구는 필요성이 높음에도 불구하고 매우 빈약하며, 아직 그 실태는 잘 알려져 있지 않다. 더욱 이해가 어려운 것은 최근 농림수산성[13]이 이사하야만(諫早灣)[14] 간척사업을 시작한 것이다. 1997년에 이사하야만의 일부가 차단되었을 때 아리아케만에 이변이 발생하여 바다 환경과 어업활동이 현저하게 악화되었다. 치쿠고강(筑後川) 내부의 하천사업이 아리아케만의 해양환경에 영향을 주는 것은 확실하지만, 이사하야만 간척사업을 포함하여 기타 많은 요인이 산재하고 있기에 하천사업의 영향만을 명확하게 지적하는 것은 곤란하다. 그렇다고 치쿠고 대형 둑과 기타의 하천사업이 아리아케만의 해양 환경에 영향을 주지 않는다는 명백한 증거 또한 없는 것이 사실이다.

## 4. 아스완하이(Assuan High) 댐의 경우

세계적으로 바다에 대한 하천사업의 영향을 가장 잘 나타내는 전형적인 예는 지중해로 유입되는 세계최대의 나일강의 하구에서 약 1,000km의 중류에 건설된 이집트의 아스완하이 댐[15]일 것이다(사

13) 일본의 중앙행정 조직에서 성(省)은 우리나라의 부에 해당한다(농림수산성 - 농림수산식품부)

14) 이사하야만(諫早灣) : 아리아케만 중서부에 위치하는 소형만으로, 최근 만내부의 대규모 간척사업에 의해 많은 해양환경문제를 발생시키고 있는 곳이다

15) 이집트 아스완주(州)에 위치하는 댐으로 높이 111m, 제방길이 3.6km, 저수량 1,570억$m^3$, 저수지 길이 500km으로 나일강의 급류를 막아 건설한 세계

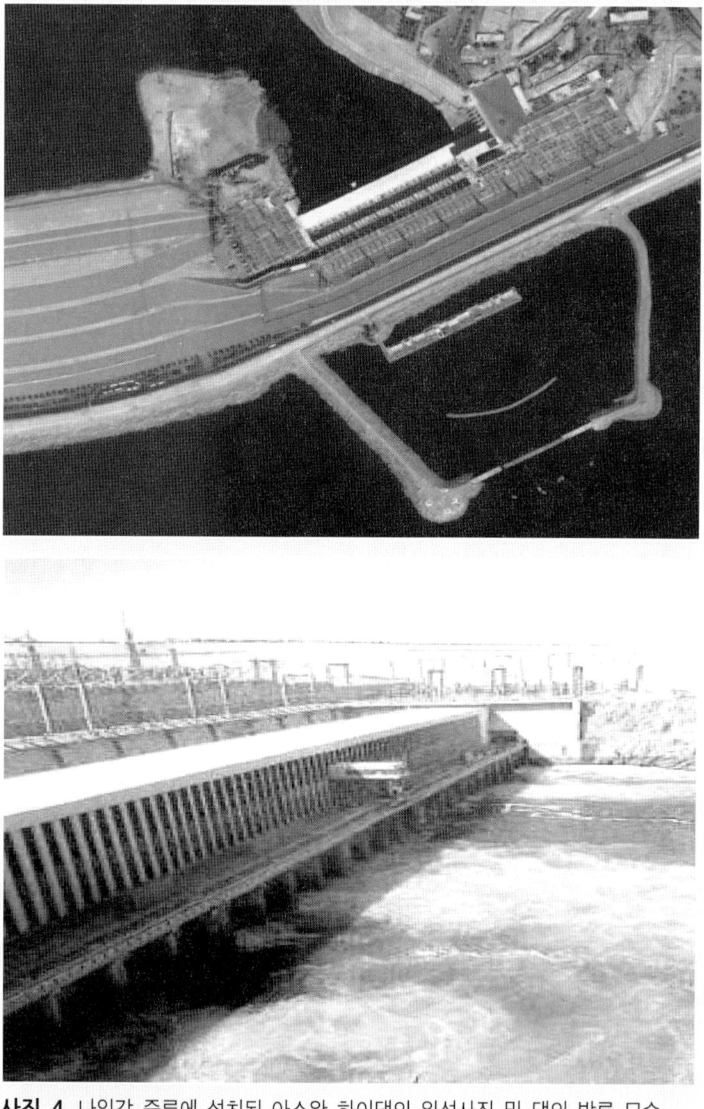

**사진 4.** 나일강 중류에 설치된 아스완 하이댐의 위성사진 및 댐의 방류 모습
(사진출처: www.google.com)

최대의 록필(rock-fill)댐이다.

진 4).

댐 건설 이전에는 나일강의 유량이 계절에 따라 심하게 변화하여 8월 하순에서 12월 초순까지의 유량이 연간 총유량의 90%를 점유하며, 나머지 계절의 유량은 겨우 수 %에 지나지 않았다. 이런 상황이기에 대부분 시기에는 수량이 매우 적어 농업용수도 부족하지만, 홍수 시기에는 풍부한 영양염을 포함한 막대한 양의 하천수와 토사가 흘러나오게 된다. 이들 토사가 하구역에 범람하면 주변 농지에 비료를 공급하는 것이 되어, 매우 넓은 면적에 비옥한 농경지가 형성되었다. 고대 이집트 문명도 이와 같은 조건에서 꽃을 피웠다고 할 수 있을 것이다.

그런데 근년, 인구 증가와 인간생활의 향상을 위해 농업생산의 확대, 상수원의 확보, 발전에 의한 전력공급 등의 목적으로 나일강 중류에 아스완하이 댐 건설이 1957년 개시되어 1975년부터 댐이 운영되었다. 댐 건설로 인해 만들어진 아스완하이 댐호, 즉 나셀호는 수면적이 해발 180m일 때 표면적이 6,287km$^2$(비와호(琵琶湖)16))의 9.4배, 용적이 157km$^3$, 평균수심이 25m, 최대수심 130m에 달하는 세계에서 다섯 손가락 안에 포함하는 거대 인공호이다.

아스완하이댐 건설은 주변지역과 나일강이 유입되는 바다에 커다란 영향을 주었다. 그 영향에 대해서는 많은 이론이 있지만, 주된 내용은 다음과 같다. 우선 본 책자의 주제인 부정적인 면의 영향은 나일강에 의해 운반되던 대량의 토사가 댐에 의해 차단됨으로 인하여

16) 일본 혼슈 중앙부에 위치하는 최대 호수, 깊은 곳은 수심이 200m 이상이 된다. 위치는 부도 B 참조.

아스완하이댐 하류역 및 나일강 삼각주를 포함하는 연안역의 토사가 대량으로 소실되었다. 이와 같은 영향으로 이집트의 지중해 연안 어업은 괴멸적인 타격을 받았다고 전해진다. 그리고 아스완하이댐 하류지역은 나일강에 의한 비옥한 펄 유입이 차단되어 비옥한 토양이 줄어들게 되었다. 한편, 댐호인 나셀호에서는 상류에서 유입한 풍부한 영양분이 하류로 유출되지 않고 정체되어, 표층은 미세조류인 식물플랑크톤[17]이 대량 발생하게 되었고, 저층은 퇴적된 유기물의 분해로 용존산소가 부족하여 호저의 표층퇴적물은 헤도로(유기오염된 퇴적물)층이 형성되었다. 이른바 부영양화가 심하게 진행되었다. 기타로는 하류의 관계농업지의 염해, 해수의 소상(遡上)에 의한 염해, 이에 따른 하류역의 수서생태계의 변화 등 다양한 환경변화 및 악영향이 발생하였다.

반면, 아스완하이댐 건설은 이집트에 커다란 이익을 가져온 부분도 많다. 댐의 건설로 막대한 인공호에 10년분 정도의 물을 비축할 수 있었고, 하류에 연중 물을 공급할 수 있으며, 관계수로에 의한 경작지 증가로 농업생산이 증가하였다. 또한 대량의 상수원 확보로 음료수도 풍부하게 되었고 수력발전에 의한 대용량의 전력을 공급받을 수 있게 되었다. 그리고 매년 발생하던 하류역의 홍수도 사라졌으며, 인공댐 내부에서의 내수면 어획량도 증가하였다.

이와 같이 많은 장점과 단점이 존재하는 아스완하이댐의 공과 죄

17) 부유식물(浮遊植物)이라고도 하는 수권에서 물의 표층에 떠다니면서 광합성을 하는 50㎛ 이내의 크기를 가지는 미소생물로 현미경을 통해서만 확인이 가능하며, 그 종류는 지구상의 모든 식물문을 포함하며 약 십만종 내외로 매우 다양하다.

에 대하여, 헝가리의 엔츠 박사는 댐 건설에 의한 긍정적인 면을 60%, 부정적인 면을 40%로 판단하여, 전체적으로는 긍정적 면이 부정적 면보다 다소 높은 것으로 평가하였다. 이 평가에 대해 의문을 나타내는 사람도 있지만, 우리는 댐 등 하천공사가 가져오는 긍정적인 부분에만 관심을 나타내는 것이 아니라, 건설에 따른 커다란 부정적 부분이 존재한다는 것을 생각하여야 한다. 특히 부정적 측면은 댐 건설 이후 오랜 시간이 지난 다음에까지 영향을 미치는 것에 세심한 관심을 가질 필요성이 있다[18].

**| Supplementary Box |**

### 강과 바다의 수계일체 및 하천의 역할에 대한 기본개념

강과 바다를 이루는 물은 본질적으로 같음을 강조하는 수계일체(水系一體)라는 것은 무엇일까? 이는 과학적 근거를 토대로 하는 용어로서 개념을 이해하기 위해서는 우선 지구환경에서 물의 순환(水循環, hydrologic cycle)이 어떻게 이루어지고 있는가 하는 것을 살펴보아야 한다. 지구를 서식처로 하는 모든 생물의 생명유지에서 필수적인 물과 바다 생물의 성장은 어떻게 유지되는 것일까? 우선 지구에 서식하는 생물의 생체구성 및 생명현상 유지하기 위해서는 물과 산소를 절대적으로 요구하게 된다. 즉, 지구가 다른 행성과는 달리 생물이 서식할 수 있는 것은 물이 존재하기 때문이다. 지구의 물은 저수지의 역할을 하는 여러 장소에 존재하며, 저수지에 존재하는 물은 항상성을 기반으로 형태를 달리하면서 끊임없는 흐름을 나타낸다. 지구에서 물의 저수지의 역할은 바다, 육상의 호수, 극지방과 고산지대의 만년설 및 빙하, 땅 속의 지하수, 생물체의 체내, 그리고 지구 기상현상을 발생시키는 대기의 수증기 등이다. 이중 바다는 지구 전체의 물 중 약 97.3%를 해수의 형태로 저장한다. 나머지 2.75%는 양 극지방의 빙산 및 빙하에 얼음으로 2.05%, 땅 속의 지하수로 0.68%가 존재하며, 우리가 상수원으로 주로 이용되는 호수 및 하천에는 약 0.01% 미만의 지

18) 사업이 크고 빛이 강하면 그만큼 그림자도 커지게 되는 것이 자연의 이치일 것이다.

표수 형태가 존재할 뿐이다. 즉, 지구에서 물을 저장하는 저수지에서 바다를 제외하면 그 용량이 매우 적어 환경변화 등에 의해 쉽게 고갈될 가능성을 나타내지만, 바다가 이들 소형저수지에 새롭게 물을 공급해주는 거대 저수지의 역할을 하고 있기에, 지구의 생명현상은 바다에 의해 조절된다고 할 수 있다.

그러나 바다의 물은 육상 생물의 직접 이용할 수 없는 염분을 가지는 해수로 채워져 있다. 즉 해수는 아무리 많다고 하더라도 육상생물 직접 이용될 수 없다. 이용은 커녕 생물을 고사시킨다. 그럼 해수가 어떻게 담수를 필요로 하는 육상생물의 생명 을 유지한다고 할 수 있는 것일까? 이는 지구의 물 순환이란 개념에서 찾을 수 있다. 물은 어느 한 곳에 정체되지 않고 계속하여 이동하는 특성을 가진다. 지형적으로 높은 곳에서 낮은 곳으로, 밀도 차이에 의해서, 또는 증발과 강수를 반복하면서 대기를 통해서도 끊임없는 순환을 나타낸다.

지구에서 개략적인 물의 순환을 살펴보면, 바다표면에서 연간 423,100km$^3$의 물이 수증기로 증발하며, 증발된 수증기 중 385,700km$^3$는 비로서 재차 바다로 돌아온다. 즉 바다에서는 증발량(蒸發量)이 강수량(降水量)보다 37,400km$^3$이 많게 된다. 반면, 육상에서는 연간 증발량이 72,900km$^3$인 것에 비해 강수량은 110,300km$^3$가 되어 바다와는 반대로 강수량이 증발량보다 37,400km$^3$가 많다.

즉 바다에서 남는 증발량이 육지로 이동되어, 비로서 육지에 수분을 공급하고는 바다로 돌아온다는 결과를 나타낸다. 이와 같은 바다와 육지의 물의 증발과 강수의 불균형이 결국 지구에서 바다와 육지 모두에 생물이 서식할 수 있는 환경을 만들고 있다고 할 수 있다. 다만 여기에서 바다와 육상의 증발과 강수의 불균형에서 각각 남는 물의 형태와 이동경로에 주목하여 보자. 바다에서 여분으로 남는 증발량은 대기의 수증기, 즉 기체의 형태이기에 바람에 의해 육상으로 이동되어 육상의 부족한 수증기를 보충한다. 반면 육상에서는 육지에서 증발량한 수증기와 바다에서 이동되어 공급받은 수증기가 대기에서 구름을 형성하여 강수현상으로 육상에 되돌아 오며, 바다에서 공급받은 수증기 형태의 물을 액체의 물의 형태로 변환시켜 하천을 통해 육지보다 지형적으로 낮은 통해 바다로 유입되게 된다. 이와 같은 순환과정을 통해 염분을 가지는 바닷물은 증발하여 순수한 물인 수증기 형태로 육상에 물을 공급하기에 육상생물의 이용에 아무런 문제가 없게 되며, 육상의 빗물은 하천을 통해 바다로 유입되기에, 유입과정에서 육상의 토양성분은 물론 각종 쓰레기까지 포함하게 된다. 따라서 바다의 생물은 강을 통해 유입된 다양한 유상기원의 물질을 이용하여 성장하고 있기에, 강을 통해 유입된 하천수는 해양생물의 성장에 필요한 영양분 공급 및 연안의 활발한 생산을 지탱하는 원동력이 된다고 할 수 있다.

강은 육지와 바다의 물의 순환에서 물질의 평형을 유지시키는데 필요한 경로로서 역할을 수행한다. 이와 같은 지구에서 물의 순환은 지구환경의 가장 기본적인 자연의 법칙으로 물질들은 오랜 기간 항상성을 기본으로 균형은 유지하려는 작용을 끊임없이 수행하고 있다. 즉 지구에서 육지와 바다는 독립된 영역이 아닌 연결된 하나의 계(系, system)로서 상호 의존적으로 평형상태를 유지한다. 이와 같은 결과로부터 지구에 존재하는 모든 수계는 동일체이며, 바다와 하천을 분리하여 취급할 수 없음을 나타내는 단적인 이유라 할 수 있다.

지구환경에서 육지와 바다는 격리될 수 없는 연속된 시스템이다. 따라서 이와 같은 지구환경의 구조적 짜임새에 대한 이해 부족과 우리 인간이 끊임없는 욕망을 나타내는 대형 개발들은 결국 지구에서 물질의 순환을 단절시키는 원인이 되며, 순환의 단절은 자연적 균형의 파괴를 나타내어, 예측할 수 없는 곳에서 다양한 환경문제와 그에 따른 재앙이 빈발하게 된다. 어쩌면 최근 빈번하게 발생하는 자연재해들도 지금까지 이와 같은 지구의 물질 순환에서 분산되어 있던 에너지가 하천개발이나 연안개발과 같은 자연을 대상으로 한 대규모의 개발에 의해, 정상적인 에너지 흐름을 차단하면서 어느 한 곳에 집중하게 되어, 보다 다양하고 큰 규모로서 발생하고 있는 것은 아닌지?

인간의 삶이 질을 향상시킨다는 하천개발에 있어서도 지구환경에서 하천의 가지는 기능을 원활하게 유지할 수 있는 방향으로 추진되지 않았을 경우, 궁극적으로는 삶의 질을 향상시키는 것이, 환경문제로 인한 삶의 질의 저하를 초래하는 것이 되지 않도록 세심한 배려가 필요할 것이다.

# 제2장

# 바다의 영향을 생각하지 않은 하천개발 행정

**앞쪽 사진**

일본 중부지역의 이세만(伊勢灣)과 미가와만(三河灣) 입구 오른쪽에 위치하는 아츠미(渥美)반도 선단인 이라고(伊良湖) 곳으로, 이곳보다 안쪽에 위치하는 이세만, 미가와만은 일본 내만에서도 가장 오염이 진행된 곳 중에 하나이며, 하천 공사 등에 의해 육상 토사의 해양 유출을 저해하면서 대규모의 해안침식이 발생하고 있는 곳이 기도 하다. 바깥쪽은 엔슈나다에 해당한다.

제 1장의 구마강(球磨川) 댐이나 치쿠고강(筑後川)의 대형 둑에서 살펴본 것과 같이 하천공사가 바다에 다양한 부정적 영향을 미치는 것에 대해서 지역민을 통해 듣는 경우가 많다. 그러나 아쉽게도 그 영향의 실태가 명확하게 파악된 예는 거의 없다. 사실 바다에 가까운 하구둑 개발에 의해 바다환경의 나빠지는 과정을 비교적 명확하게 규명되고 있는 것은 최근 나가라강(長良川)[1] 하구둑의 건설 과정에서 건설 이후까지 지속적인 관측 자료가 수집되면서 부터라 할 수 있다. 이것도 하천 내부에 한정된 내용이다. 다만 댐에 의한 모래 퇴적이나 하천바닥에서 모래채취로 인하여 모래의 흐름이 감소하여, 외부의 거친 해양파가 밀려오는 해안선 부근에서 발생하는 해안침식에 대해서는 비교적 영향이 분명해졌고, 연구 및 대책도 활발하게 수행되고 있다. 그러나 이것은 예외적 분야이고, 현재 일반적으로 하구역에서 떨어진 해역에 대한 하천사업의 영향을 조사한 연구의 예는 극히 빈약하며, 하천사업에 의한 바다의 영향 파악이 정확히 이루어지고 있다고는 할 수 없다.

## 1. 바다에 미치는 영향 파악이 곤란한 이유

하천개발에 위한 바다 환경의 영향 파악이 곤란한 이유에는 다양한 원인이 존재하지만, 그를 정리하면 대략 다음과 같은 몇 개로 정리할 수 있다. 첫째는 해역에서 하천사업의 영향이 나타나는 것은

1) 일본 중부지방인 이세만으로 유입되는 하천으로 위치는 부도 D 참조.

하천 내부에 비해 매우 완만하게 진행되어 쉽게 확인되지 않으며, 확인에는 긴 시간이 필요하여 영향을 알았을 때에는 이미 돌이킬 수 없는 상태가 되어 있는 경우가 많다. 둘째는 주변지역에 인구가 많고, 활발한 사회 및 산업 활동 결과, 내만에서는 이들의 활동이 해역에 미치는 영향과 하천사업이 미치는 영향이 중복되어 나타나서 하천사업으로 인한 영향만을 구분하여 명확하게 도출하는 것은 매우 어렵다. 셋째는 하천사업의 영향이 미치는 범위가 확대되고, 기간도 오랜 시간을 필요로 하기에 하천 내부에 비하여 해역의 관측이나 조사가 용이하지 않다. 특히 네 번째 내용이 일본의 행정 시스템에서 강과 바다를 담당하는 부서가 지금까지는 별도로 구성되어, 통일된 관리와 조사가 실시되지 않았기에, 해석에 필요한 자료가 매우 부족하기 때문이라 할 수 있다.

댐 건설로 인해 피해를 입은 연안의 어민들의 항의에 대해 중앙행정기관은 바다에서 멀리 떨어져 있는 상류에 댐을 건설하고 있어, 바다에까지 영향을 미칠 가능성은 없고, 만일 댐 건설에 의한 피해가 있다면, 분명한 증거를 제시하라고 일축하여, 연안에서 발생하는 나쁜 영향을 연안해역에서 실시되는 기타의 인위적 행위 때문으로 돌리고 있다. 구체적으로는 앞에서 설명한 두 번째 이유와 같이 댐의 모래 퇴적이나 하천바닥의 모래 채취의 영향은 내만 해역에서 발생한다. 그러나 해파가 매우 온화한 내만 해역에서 하천사업에 의한 영향 이외에도 활발한 매립, 간척, 준설 등의 영향이 하천사업의 영향과 중복되어 발생한다. 이와 같이 복잡한 요인에 의해 발생하는 내만의 해양환경 악화나 어업활동의 위축에 있어, 하천사업에 의한 부분만을 별도로 도출한다는 것은 매우 어려운 작업이 된다. 또 댐에서 다량으로 유출된 오염부하(수질오염이 되는 영양물질[2])의 영향 역시, 인간의 사회생활 및 산업 활동에 동반하여 발생하는 오염부하에 의한 해역의 영향 속에 감추어지게 된다.

지금까지 하천개발에 의한 해양환경 및 어업활동 위축에 미치는 영향에 대한 결정적 자료나 증거를 당국에 제시하는 것이 곤란한 어민들은 체험적으로 환경 변화를 실감하면서도 피해보상은 눈물을 머금고 포기 할 수밖에 없었다. 유사한 일들은 바다에 가까운 하구언의 건설의 경우에도 발생한다. 피해를 입은 어민뿐만 아니라 피해의 가해자인 하천당국도 바다에서 보이는 환경변화 및 어업활동 위축이 하천사업에 의한 영향이 아니라고 하는 명백한 증거를 제공하는 것은 매우 어렵다.

## 2. 지금까지 하천개발 행정과 바다

기본적으로 위와 같은 문제나 이해 부족은 하천당국의 책임이라 본다. 국가의 하천행정은 하천법에 따라 실행되고 있기에, 여기서 일본의 하천법의 변천을 간단히 살펴본다. 1896년(메이지(明治[3]) 29년)

---

2) 바다의 광합성 식물, 즉 식물플랑크톤 성장에 필요한 물질로서 주로 무기 질소와 인을 나타낸다.

3) 일본은 천황의 국가로 년도 표기에서는 일반적으로 천황에 따른 연호를 사용한다.

(A)

(B)

**사진 5.** 연안개발에 의해 변화된 해안선 모습. (A) 1970년대 이전의 광양만의 해안선 모습, (B) 2005년대 이후 인공위성에서 본 광양만 해안선 모습. 40년 동안 광양만 연안에서 다양한 공단건설로 연안해역이 모두 매립되어, 만의 면적이 절반이하로 감소하였다. (B)의 우측 상단이 섬진강 하구역의 삼각주에 건설된 광양제철소, 하단에서 좌측하단의 여수석유화학단지 모습이다.

에 제정된 최초의 하천법은 부국강병의 국가목표에 따라 국토보전을 위한 치수와 물류 수송의 항로 확보에 주 목적을 두었다. 다음인 1964년(쇼와(昭和) 39년)에 전면 개정된 하천법은 제2차 세계대전 이후 계속되는 홍수와 고조에 의한 막대한 재해피해를 방지함과 동시에 경제성장에 대응하는 것이 주 목표였다. 여기에는 치수에 추가하여 이수(利水)를 명문화시켜 유수(流水)의 정상적 기능의 유지라는 개념이 법적으로 확립되었다. 최근 1997년(헤이세이(平成) 9년)에 개정된 하천법에는 국민의 환경에 대한 의식이 고조되고 각지에서 발생하는 하천사업에 대한 강한 비판에 대응하여, 주 목적을 하천환경의 정비와 보전으로 위치 매김을 하였다. 그에 따라 하천법에 하천정비의 방법, 행정의 책임설명, 하천 환경보전의 실효성 등에 관한 사항이 추가되었고, 불충분하지만 하천정비 계획의 설정 단계에 주민의 참가도 언급되어 있다.

1997년 개정된 하천법에는 하천환경에 대한 배려가 상당부분 명확하게 되어 있지만, 하천사업이 해양 환경에 미치는 영향에 대한 이해는 해안을 제외하면 여전히 포함되어 있지 않다. 하나의 예로서 새로운 하천법의 취지에 따라 댐 공사를 실시하기 위한 준비 단계로 2000년에 "댐 사업을 위한 환경평가의 접근법(댐 수원지 환경정비 센터 발행)"이라고 하는 두꺼운 지침서가 발간되었다. 이것은 댐이 주변 환경에 미치는 영향을 조사하기 위해 필요한 조사항목, 조사내용, 조사방법, 그리고 결과의 정리방법 등을 상세하게 설명하는 지침서이다. 이 지침서에 의하면 환경영향 조사의 평가대상은 대상이 되는 강의 유역으로 되어 있어, 강물이 유출되는 바다는 대상에서 빠져있다. 바다를 고려하지 않는다는 것은 바다의 영향에 대한 이해가 없는 것을 의미한다. 자연의 물질순환 시스템 연계 작용으로 불가결의 관계를 나타내는 강과 바다의 관계를 무시하여, 강은 강, 바다는 바다로 구분하는 것은 일본의 종적 구조 특성을 나타내는 행정시스템의 업보라고 할 수 있다. 하천행정이 바다의 환경에 미치는 영향까지를 배려하는 것이야 말로 정말로 환경을 생각하는 하천행정이라 할 수 있는 것은 아닌지?

## 3. 고조와 홍수의 충돌을 고려하지 않은 설계방법

지금까지 하천행정은 바다의 환경을 고려하지 않고 있음을 설명하였지만, 이것은 강과 바다의 영향을 동시에 받는 하구역의 자연현상에 대한 이해부족으로 하구 내부의 기술적 문제에도 반영되고 있다. 나가라강(長良川) 둑 건설을 위해 실시된 설계수위를 구하는 방법을 예로 들어 설명해 보자! 이야기가 조금 어려워지며, 학문적으로 흐르지만, 다른 방법이 없기에 이해를 바란다.

일반적으로 하구역에는 외부의 바다에서 조석(潮汐), 고조(高潮), 츠나미(津波), 파랑(波浪, 바람이 만드는 파) 등 여러 가지 종류의 해양의 파(총체적으로 해양파동(海洋波動)이라고 함)가 진입하여 온다. 그림 2에는 나가라강(長良川) 하구(이비강(揖斐川)과 공통)의 죠남(城南) 지점에서 조류와 하천유량의 관계를 나타낸 것이다. 그림에 의하면 이세만(伊勢

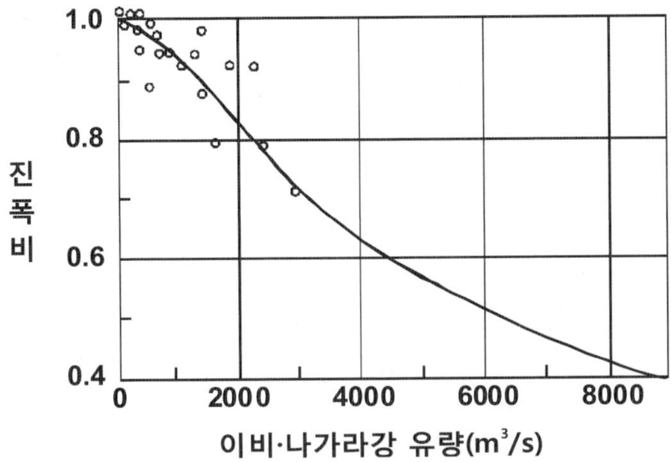


**그림 2.** 이비(揖斐) · 나가라강(長良川)의 유량변화에 따른 하구의 죠남(城南) 지점에서 반일주조의 조석진폭의 변화. 세로는 유량 최소시의 진폭을 1로 할 때의 상대적 진폭, 하얀 원은 관측값, 실선은 계산값(宇野木, 1969). 하천 및 지명의 위치는 그림 15 참조

灣)[4]의 조석에는 변화가 없으나, 하천유량이 커짐에 따라 하구역의 조석이 심하게 감소하는 경향이 보인다. 하천 내부는 하천유량이 증가할 때에 조석의 감소는 더욱 심하여 조석은 상류까지 올라가지 못하고 도중에서 사라진다.

이와 같은 현상을 이해하기 위해서는 흐름이 있는 수역에 외부에서 바람에 의해 만들어진 너울이 흐름과 반대방향에서 진입하여 올 때를 생각하여 보자. 너울이 흐름과 충돌하는 장소에서 처음은 너울의 흐름에 의해 조금 높게 치솟지만, 조금 더 흐름 쪽으로 진행하면 너울은 점차 약해져서 소멸된다. 비선형이라고 하는 물의 운동특성

4) 일본 중부지방에 위치하는 해역으로 진주양식 등이 유명하다. 위치는 부도 D 참조.

(예를 들면, 흐름의 크기가 2배가 되면, 그것의 운동은 2배가 아니라 3배나 4배가 되는 것)과 그 때 발생하는 강한 난류(亂流) 때문에 너울이 진행하는 사이에 에너지를 소실하기 때문에 발생하는 현상이다. 이와 같은 물리적 과정을 해파와 흐름의 상호작용이라 한다. 외해에서 이세만(伊勢灣)으로 유입하여 나가라강(長良川) 하구까지 진행한 조석이 강의 강한 흐름과 만나서 하천유량이 증가할 때 급격하게 낮아지는 것도 조석과 하천흐름의 상호작용에 의한 것이다.

하구역에서 둑 건설 등에 있어 하천수량을 결정할 때, 가장 먼저 고려해야 할 대상은 해당지역에 발생하는 위험도가 가장 큰 자연현상과 발생 빈도 및 크기가 된다. 주로 하구역에서 발생 가능한 큰 문제는 수십년에 한번 있는 대홍수와 매우 강한 태풍 때에 발생 가능한 고조가 동시에 발생하는 경우이다. 당연한 일이지만 하구역에서는 홍수에 의한 강한 하천의 흐름과 고조의 격렬한 상호작용이 발생하기에 댐이나 둑이 설계수위의 결정에는 이들 요인을 정확하게 계산하여 적용하는 것이 매우 기본적인 사항으로 중요하다는 것은 누구나 쉽게 이해할 수 있다.

그림 3에 나가라강(長良川) 둑 건설에 필요한 수치설계에서 구한 홍수 때의 흐름과 고조의 상호작용의 효과를 나타내었다. 이것은 예상되는 최대 홍수 유량(계획 최고수량)과 이세만(伊勢灣)에 내습하는 최대급의 태풍에 의한 고조가 중첩될 경우, 나가라강 하구언에서 최고수위의 횡단면 분포를 나타낸 것이다. 가는 선은 홍수에 의한 수위와 고조에 의한 수위를 별도로 계산하여 단순하게 합한 것을 나타내며, 두꺼운 선은 홍수유량과 고조가 공존할 때의 상호작용을 고려하

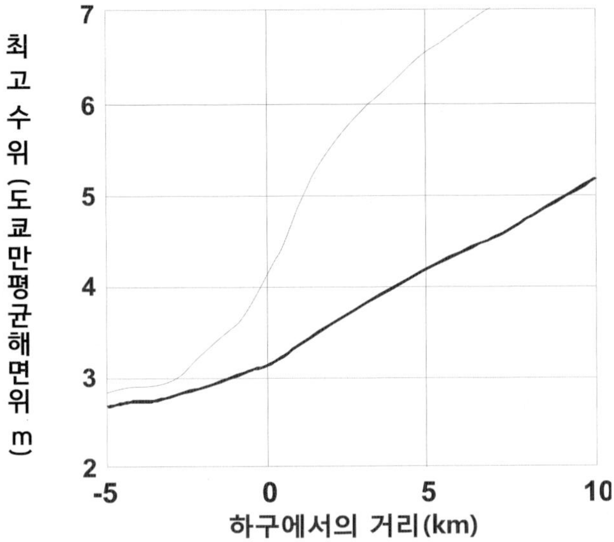


**그림 3.** 나가라강(長良川) 하구언에서 고조의 계산수위 분포. 두꺼운 선은 이세만 최대 태풍의 고조와 홍수(계획 고수량)이 동시에 발생하였을 경우이며, 가는 선은 양자를 별도로 계산하여 단순히 더한 경우이다(宇野木・小西, 1997).

여 구한 최고수위의 분포를 나타내었다. 홍수와 고조가 공존하는 경우의 두꺼운 선은 양자를 단순히 더한 가는 선보다 수위가 현저하게 낮아져 격렬한 조석과 하천 흐름의 상호작용 효과가 보여 진다. 이 경우는 상호작용에 의한 수위가 단순 계산에 의한 것보다 더 안전한 쪽으로 작용하고 있어, 다행스러울 뿐이다.

그런데 나가라강(長良川) 하구언 건설에 실제 이용된 설계방법에는 상류나 중류의 하천 내부에서 통상 이용되는 것과 똑 같은 방법인 홍수 유량만으로 하류의 수위를 계산하는 것을 기본으로 채택되어 있다. 다만 하구 부근은 고조의 효과를 표현하기 위해 이세만 태풍에 의한 관측값을 고려하여 계획수위를 정하였고, 하구에서 7.2km 부근에서 위에서 계산한 수위와 연결하여 두었다. 즉 하구부근의 계획수위는 지형이나 유량 등 강의 조건이 변함에도 불구하고, 과거 고조의 관측값을 참고하여, 비합리적인 방법으로 적당히 정해 두었고, 홍수(계획 최고수량)와 관계없이 결정하였다. 이와 같은 방법으로는 위에서 설명한 본질적이면서 반듯이 고려해야만 하는 홍수유량과 고조의 상호작용을 합리적이면서 과학적 근거를 토대로 하여 정당하게 취급하고 있다고 할 수는 없다. 이와 같은 내용도 나가라강 하구언 건설에 실제로 이용한 설계방법은 과학적 근거가 빈약함을 나타낸다. 현실적으로 각각의 조건을 고려해야 되지만, 적어도 기본적인 항목에 대해서는 정확한 과학적 근거를 기초로 하는 적용이 필요하다 할 수 있다.

## 4. 강과 바다는 수계일체

이상과 같은 상황을 판단의 근거로 하여 필자는 거듭 강과 바다를 수계일체(水系一體)[5]로 생각하여야 하다고 주장하지만, 종적 조직을 근간으로 하는 행정 시스템의 벽은 높고, 그 실현은 용이하지만은 않다.

또한 이와 같은 문제는 행적조직의 문제만이 아니라, 학문의 장

5) 제 1장의 Supplementary Box 참조.

에서도 보여져, 일반적인 연구에서 강은 강, 바다는 바다로 별도의 분야로 구분되어 연구가 진행되는 경우가 많다. 물론 강과 바다의 관계에 주목하여 연구를 진행하는 연구자도 있지만, 그 수가 많지 않고, 더구나 하천사업이 바다에 미치는 영향의 실태를 조사하는 연구자는 거의 없다. 그러나 최근에 학문적 흥미와 함께 환경문제와 관련하여 강이 바다에 미치는 영향의 중요성이 인식되어 강과 바다를 연결하는 주제로 심포지움이 종종 개최되게 되었다. 최근 개최된 심포지움의 예를 필자가 파악하고 있는 범위에서 표 1에 정리하여 두었다. 주제를 보면 이 분야에서 어떠한 것이 주로 문제가 되고 있는지를 이해할 수 있을 것이다. 하천사업의 영향에 관한 연구는 아직 많이 부족하지만 앞으로 새롭고 깊이 있는 연구결과를 기대하여 본다.

**표 1.** 강과 바다의 관계를 주제로 한 최근의 심포지움

|  |
|---|
| 1. 수산해양학회 · 일본해양학회, 「수계를 연결한 생태계 연구 - 종합적인 연안관리의 가능성을 찾아서」, 1996년, 도쿄수산대학(현, 도쿄해양대학) |
| 2. 쿄토대학방제연구소, 「산지사면, 하천수계, 해안을 통한 물질 이동의 환경 · 방제적 의의」, 2000년, 쿄토대학 |
| 3. 일본해양학회 연안해양연구회부 「육지와 바다의 상호작용 - 바다는 육지에 어떻게 의존하고 있는가?-」, 2002년, 도쿄수산대학(현, 도쿄해양대학) |
| 4. 일본육수학회 「산, 강, 바다를 통한 광역에 걸친 환경보전, 공생의 기본을 생각한다」, 2003년, 오카야마이과대학 |
| 5. 일본수산학회 수산환경보전위원회 「하천유량, 유입토사 및 수질의 변화에 동반하는 연안생태계의 응답」 2003년, 도쿄대학 |
| 6. 일본해양학회 해양환경문제위원회 「비교유역 · 연안학의 시도 - 하천유량 · 지형변화 · 관리를 축으로 하여-」, 2004년, 츠쿠바대학 |

이와 같은 학문의 장에서 하천사업이 바다에 미치는 영향에 대한 내용들이 점차적으로 확인될 것에 희망을 가지나, 행정의 장에서도 강과 바다의 관계에 대한 배려가 다소 진전될 가능성을 느낄 수 있게 되었다. 그 하나의 예가 최근의 중앙행정조직의 개혁에서 강과 바다를 취급하는 주요기관이 국토교통성[6]에 편성되어 있다는 것이다. 동일 조직에서 양 분야의 과와 국이 서로 긴밀하게 협의하면서 상충되는 문제의 해결에 심도 있는 시도를 기대할 것으로 본다.

한편 아리아케만(有明海)의 서쪽에 위치하는 이사하야만(諫早灣)의 간척사업에 의해 방조제를 건설한 이후에 환경변화와 어업의 쇠퇴가 진행되어, 이른바 "아리아케만 이변"이라는 소동이 있었다[7]. 이 상황을 개선하기 위하여 의원 입법으로 "아리아케만 및 야츠시로만(八代海)를 재생하기 위한 특별조치법"이 성립되었다. 특별조치법에서는 양 해역의 재생을 위해서는 해역만이 아닌 치쿠고강(筑後川) 등 유입 하천의 전 영역, 더욱이 삼림을 포함하는 광역적 대책을 시도하게 되었다. 이로서 양 해역에 관계하는 중앙정부와 지방정부의 하천, 항만, 수산, 삼림, 환경의 각 기관이 지금까지의 큰 벽을 넘어

6) 우리나라 국토해양부에 해당하는 중앙행정부서이다.

7) 소형내만 간척으로 인한 해양환경 및 어업피해 문제를 나타내는 것으로, 우리나라의 시화호나 새만금에 비하면 그 규모가 작지만, 방조제 건설에 따른 해양환경에의 영향은 매우 큰 것으로 평가되었다. 그러나 우리나라는 최근 새만금 간척사업에 대한 이익과 손실에 대하여 정확한 조사 자료를 근거로 한 평가보다 찬반의 오랜 대립으로 최종적으로는 사법부의 판단에 의해 공사가 진행되어, 결국 막대한 해역이 바다의 기능을 상실하는 결과를 가져오기도 하였다.

아리아케만의 환경재생에 공동으로 협력하여 추진하는 것이 가능하게 되었다.

그런데 구체적인 실시계획서를 보면, 지금까지의 실질적인 예나 연구결과 등으로 판단하여 투자비용에 비해 효과가 적고, 기대가치가 낮은 공사에 역량이 모아진 인상을 받게 된다. 한편으로 현재 다양한 문제를 포함하는 중요한 문제인 이사하야만(諫早灣) 간척사업이나 가와베강(川辺川) 댐에 대한 대응 방안은 보이지 않는다. 이와 같은 내용은 전문가가 지적하는 것처럼 목표로 하는 환경재생이 어려울 뿐만 아니라, 오염된 상태로 생산력이 쇠약한 바다와 개발에 대한 천문학적인 금액에 달하는 국민의 세금을 더욱 가중시켜 자손에게 남기는 꼴이 되게 된다.

또 하천행정에서도 아리아케만에 유입되는 치쿠고강(筑後川)이나 야베강(矢部川)의 댐 관리에 있어, 농업용수 및 바다의 어류서식 환경보전 등을 목표로 댐 저수량의 탄력적 운영이 시험적이나마 시도되었다. 지금까지는 댐은 홍수기의 홍수 조절용으로 사용되었기에 위와 같은 목적을 위한 저수 및 방류는 곤란하였다. 그러나 유량조절의 탄력적 운영에 의해, 바다에 필요한 하천수를 방류하는 것이 가능한지 어떤지? 를 확인하는 시도가 실시되었던 것이다. 바다에 대한 하천의 필요성을 인식하여 이와 같은 종래의 틀을 깬 적극적인 하천관리가 기대된다.

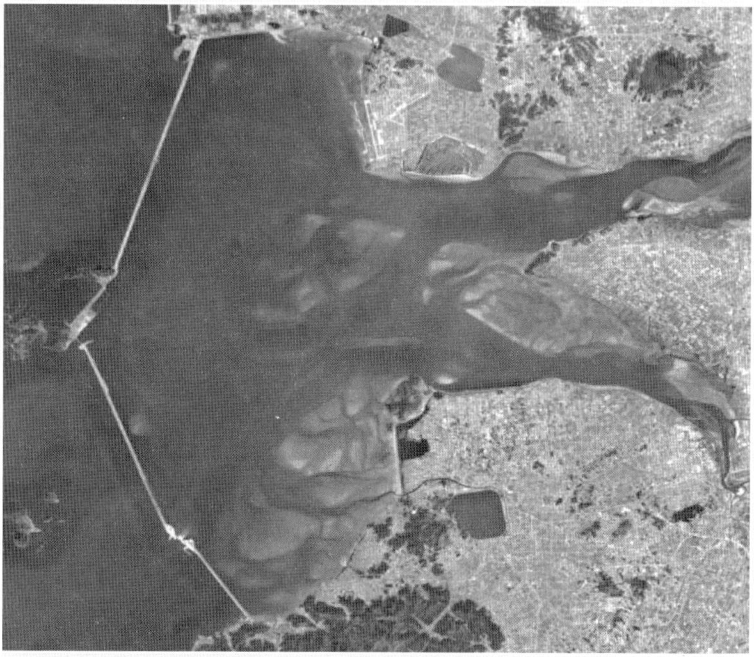

**사진 6.** 서해안 동진강 및 만경강 하구역을 차단하여 개발하는 새만금 사업의 광대한 모습. 새만금 사업 : 새만금사업은 전북 군산과 부안을 연결하는 최계최장의 방조제 33km를 설치하고 그 안쪽에 새로운 땅 28,300ha(8천5백만평)와 5억 3천만$m^3$의 물을 담을 수 있는 담수호 11,800ha(3천6백만평) 등 총 40,100ha (1억2천1백만평)를 조성하는 사업으로 지난 1991년 착수되어 2009년까지 방조제 공사가 완공되며, 전체공사는 2010년 5월에 완공되었다. 제방 내부에 4만100ha 규모로 매립이 끝나면 여의도(290ha)의 140배 정도의 새로운 땅이 조성되어 산업지구, 관광지구, 첨단농업지구로 운영된다. 새만금사업에 필요한 비용은 방조제건설비용 2조514억원, 내부간척비용 1조3,152억원 등 총 3조 3,666억원이다.

## 5. 하천사업의 평가, 그 이익과 손실

지금까지 둑건설을 포함한 하천 사업이 국민의 생명과 국토의 안전을 위하여, 또 사회와 산업의 기반형성에 매우 중요한 공헌을 한 것에 대해 필자는 높게 평가하고 경이를 표하는 바이다. 이와 관련하여 개발의 대명사로 불리우는 토목학회의 초대회장이었던 古市公威 박사는 일본에서 이공학의 대표적 연구기관의 하나인 이화학연구소의 2대 소장을 역임하였고, 또 1920년대에 창설된 학술연구회의의 초대회장을 지내기도 하였다. 이와 같이 토목학 관련자가 기초과학 기관의 CEO를 역임하는 것은 과거 개발에 관련한 과학기술과 그것을 기본으로 하는 사업의 성과가 사회에서 얼마나 높게 평가되고 있는가를 나타내는 증거라 할 수 있다.

그렇지만 최근에 국가 주체로 실시되는 하천사업을 포함한 개발사업이 육상과 바다에서 환경문제를 발생시키고 있을 뿐만 아니라, 실질적으로 본래의 목적을 떠난 건설을 위한 건설이라는 인상이 강하여, 비용을 부담하는 국민이 의문과 의혹을 제기하는 사례가 적지 않은 것은 실로 안타까운 일이라 할 수 있다. 최근 공공 건설 사업에 대한 재검토 및 하천사업에서도 탈 댐을 선언하는 현(도)의 지사 후보들이 높은 지지를 얻어 당선되고 있는 것도 이와 같은 현실을 반영하고 있다고 할 수 있다.

성공한 것으로 평가하는 이집트의 아스완하이댐의 경우조차 앞에서 설명한 것과 같은 많은 문제를 발생시켜, 엔츠 박사는 댐 건설에 의해 발생한 긍정적 효과의 약 7할 수준에 달하는 부정적 효과가 동시에 발생할 것으로 추정하고 있다(제1장 참조). 제시하는 수치에는 다른 많은 견해도 있지만, 이와 같은 지적은 매우 중요하다. 일본 하천사업의 경우는 어떠한가? 하천사업 이후에 사업의 긍정적인 면과 부정적인 면을 정확히 평가한 예는 아직까지 본 적이 없다. 이와 관련하여 일반인의 직감적 판단으로도 최근의 하천사업에는 부정적 효과가 긍정적 효과를 초과하는 사업도 적지 않다고 판단된다.

일본에서 공공사업의 필요성과 관련한 투자효과로 [효과] ÷ [비용](비용대 효과)가 문제가 되었다. 농림수산성이 시행하는 공공사업의 투자효과가 최근 국회에서 보고되어, 하천사업과 유사한 성격을 가지는 대형 간척사업을 보면(7장 참조), 나카우미(中海) 간척사업의 투자효율은 0.90, 이사하야만(諫早灣) 간척사업의 투자효율은 0.83이 되어 있다. 이사하야만 간척사업은 투자효율이 1.0에 훨씬 미치지 못하면서도 어떻게 해서라도 공사를 계속하여 간척사업을 완성시키고자 하는 국가의 의지는 상식적으로도 이해할 수 없는 일이다. 개인이 투자하는 사업이라면 추진이 가능할 것인가? 다시 한 번 의구심을 가져본다.

또한 이 투자효과를 계산하는 방법에도 커다란 문제를 포함한다. 즉 방법에는 사업으로 인해 발생할 수 있는 부정적 효과가 전혀 고려되어 있지 않다는 것이다. 따라서 진정한 의미의 투자효과는 [효과 - 손실] ÷ [비용]으로서 평가하여야 된다. 독자들은 어떻게 생각하시는지? 지금까지 일본의 하천사업에 따른 진정한 투자효과가 얼마나 되는 지에 대해서 알고 싶을 따름이다.

| Supplementary Box |

## 해양파동과 조석, 조류

해양파동, 즉 해파(海波, sea wave)는 해면의 주기적인 승강운동을 말한다. 즉, 서로 다른 매질의 경계면에서 나타나는 교란 현상으로서, 물 입자가 제자리에서 원운동을 할 뿐, 수송은 없고 파의 형태만 진행한다. 통상적으로 바람에 의해 호수나 바다에 파도가 생기는 것을 우리는 잘 알고 있다. 즉, 바람의 강약으로 해면에 에너지 분포가 달라지면서 수면에 굴곡이 발생하면, 위로 올라간 물 입자는 중력에 의해 밑으로 내려가고, 밑에 있는 물 입자는 복원력에 의해 위로 이동하게 되는데, 운동하기 시작한 물 입자는 관성력을 가져 원래 위치에 멈추지 못하고 지나치게 된다. 이와 같이 상, 하 위치가 바뀐 물 입자는 재차 중력과 복원력의 작용에 의해 상하운동을 반복하게 되며, 마찰력에 의해 운동에너지가 열로 변화될 때까지 계속된다. 이 같은 파를 풍파(風波, wind wave)라 하지만 중력을 복원력으로 하기에 중력파(重力波, gravity wave)라고도 한다. 한편, 해파는 바람이외에 기조력과 지각 변동에 의해 발생하기도 하는데, 전자의 경우는 조석파(Tidal Wave), 후자의 경우는 쓰나미(Tsunami)라고 한다.

또한 바다에서는 하루에 한번 또는 두 번 해수면이 규칙적이며 반복적인 연직운동을 한다. 해수면의 연직운동은 지구를 중심으로 달과 태양 등 천체의 인력 등에 의한 작용으로 나타나는데, 이를 조석(潮汐, tide)이라 한다. 조석은 주기가 일주기 또는 반일주기로 나타나며, 파장은 외양역에서 수천 km, 연안역에서 수백 m 이상의 장파로, 기조력을 복원력으로 하는 파이다. 여기서 기조력(起潮力, tide generating force)이란 조석을 발생시키는 힘을 말한다. 해수면의 연직운동 중 해수면이 최대가 되는 상태를 고조 또는 만조(高潮/滿潮, high water), 해수면이 최소가 되는 상태를 저조 또는 간조(低潮/干潮, low water)라 하며, 고조에서 저조까지의 상태를 썰물 또는 낙조(落潮, Ebb), 저조에서 고조사이의 상태를 밀물 또는 창조(漲潮, Flood)이라 한다. 한편, 조위의 시간적 변화를 표현하기 위하여 가로축에 시간, 세로 측에 조위를 시간변화에 따라 표현한 곡선을 조석곡선이라 한다. 지구는 자전을 하기에 지구 표면의 어느 점에 있는 우리는 하루에 2번의 고조와 저조를 경험하는데 이를 반일주조(半日周潮, semidiurnal tide)라고 하며, 지형적인 특성에 따라서는 하루에 1회의 고조와 저조를 경험하는 경우의 조석을 1일주조(一日周潮, diurnal tide)라 한다. 다만, 조석 시간은 달이 지구를 한바퀴 도는데 약 24시간 50분이 소요되기에 매일 50분씩 늦다. 또한 하루에 2번 발생하는 고조와 저조의 수위는 일치하지 않고 다르게 나타나는데, 이를 일조부등(日潮不等, diurnal inequality)이라 하며, 달과 태양이 적도부근에 있을 때에 작고, 적도에서 멀어질 때 커진다.

# 제3장
# 강이 키우는 해안과 바다의 흐름

**앞쪽 사진**

강은 바다에서 수증기 형태로 육상에 공급된 물의 양만큼을 바다로 수송하는 역할을 한다. 육지는 바다에서 공급된 수증기로 생명현상을 유지하고, 그에 대한 답례로 육지의 다양한 토양성분을 강물에 포함시켜 바다로 보내, 바다 생물의 성장에 필요한 영양분을 공급하고 있다. 강을 통해 바다로 공급되는 토사 및 토양성분은 바다에 갯벌이나 모래사장 형성에 필요 불가결한 원소이며, 바다의 생물성장에 필수적인 영양분을 공급한다. 사진은 소양강 댐 밑의 하천으로 댐이나 둑은 육상물질이 바다 공급을 차단하며, 상부에서 유입되는 하천수의 정체를 발생시켜, 부영양호를 형성하는 크나큰 원인이 된다.

강과 바다의 관계가 그림 4에 스케치 형식으로 묘사되었다. 산에서 평지로 흘러가는 강은 다른 지류와 합해지면서 점차 큰 강을 이르고, 결국은 바다에 흘러간다. 그 사이에 물은 강안(江岸)을 깎아내며, 깎여진 일부는 강 밑에 침강하여 퇴적되고, 가벼운 것은 하류로 운반되어 바다로 유출된다. 때에 따라 홍수가 심할 때에는 많은 토사가 하천 밖으로 넘쳐 퇴적되어, 긴 시간에 걸쳐 충적평야(沖積平野)[1]가 형성된다. 또 바다까지 운반된 토사는 침강 퇴적하여 하구부근에 삼각주를 만든다. 충적평야나 발달한 삼각주는 사람 등의 생활과 생산 활동에 매우 중요한 장소를 제공하지만, 그곳에서 만들어진 다양한 물질은 재차 배출되어 강을 통해 바다로 유출된다. 또 사람들의 안전과 생활 활동을 높이기 위해 그림 4에 보이는 것과 같이 강에는 다양한 하천 구조물이 건설되어, 하천수와 물질의 흐름을 조절하며, 이들 구조물은 하천수 및 물질이 바다로 유출되는 것에도 크게 영향을 미친다.

이와 같이 강을 통해 육지에서 바다로 하천수와 다양한 물질이 유출되며, 이들은 바다 환경에 커다란 영향을 미치게 된다. 본 장에서는 강에서 모래와 하천수 유입이 바다에 미치는 중요한 역할에 대해 생각해 본다.

---

1) 퇴적평야의 일종이며, 표면은 평탄하고 약간의 기복이 있다. 강은 사행하는 것이 많고, 구 유로나 현재 유로의 강가에는 다소 높은 자연제방이 발달하기도 한다. 하천의 퇴적작용에 의해 형성된 충적평야는 상류에 곡저평야, 산기슭에는 선상지(扇狀地), 하류의 강어귀에는 삼각주, 그 중간에는 범람원(氾濫原)이 발달한다. 지질시대의 충적세에 해당하여, 현재 형성되어 가는 평야라는 뜻에서 충적평야라고 부른다. 우리나라 평야는 대부분 침식평야로 충적평야는 미약하며, 낙동강 하류 일대에 전개된 김해평야가 대표적인 예이다.

# 1. 해안을 성장시키는 하천

해안의 모래는 해안으로 밀려 와서 부서지는 해파에 의해 끊임없이 요동치게 되고, 나가서는 부서지는 파가 만드는 흐름이나 기타의 바다의 흐름에 따라 운반되어 다른 곳으로 이동된다. 즉 해안은 일방적으로 끊임없이 깎여질 수밖에 없는 운명을 가진다고 할 수 있다. 그러나 해안에서 깎이고 흐름에 의해 다른 곳으로 이동되는 모래의 양 만큼 강이 모래를 운반하여 이동한 분의 모래를 보충하고

**그림 4.** 육지와 강과 바다의 관계(西條, 2002를 일부 변경)

있기에 해안은 항시 일정 양의 모래장을 유지하여 안정된 해양환경과 어장을 유지하고 있다. 즉 강은 해안을 보호하고 육성시킨다고 할 수 있다. 이와 같이 강에서 모래의 공급은 해안환경의 형성에 있어 중요하고 필요 불가결한 것이다. 때문에 하천에 댐이나 둑이 건설되어 하천 내부에서 모래가 축적되어 하류로 유출되지 않거나, 하천바닥에서 대량의 모래를 채취하여 바다로 공급되는 모래가 감소되면, 해안에서는 침식이 발생하여 해안환경은 크게 변하게 된다. 이와 같이 중대한 문제에 대해서는 제 8장에서 구체적으로 설명한다.

## 2. 하천수가 만드는 바다의 흐름

하천수가 유입하는 내만 해역에는 유입되는 하천수와 함께 표층에는 내만에서 만입구로 향하는 물의 흐름이, 반대로 저층에서는 만입구에서 내만으로 향하는 물의 흐름이 발달한다[2]. 그림 5에 이와 같은 하구역의 흐름을 간단하게 묘사하였다. 이와 같은 흐름에 의한 물의 연직순환을 하구(estuary)[3] 순환이라고 한다. 하구는 하천수와

---

2) 바다 해수의 염분농도와 담수의 염분 차이에 의해 발생하는 밀도 차이에서 하천수는 가벼워서 표층에서 밖으로 유출되는 반면, 저층에서는 염분에 의해 무거운 해수가 내만으로 밀려오면서 발생하는 현상으로 하천의 대소와 유출되는 물의 세기에 따라 다르게 나타난다.

3) esruary는 우리말로 큰 강의 하구역으로 번역되지만, 우리가 일반적으로 생각되는 하구역보다는 의미가 넓다. 예를 들면 도쿄만(東京灣), 이세만(伊勢灣), 아리아케카이(有明海) 등의 만은 물론 우리나라 황해나 동중국해도 하구에 포함시켜 생각할 수 있다.

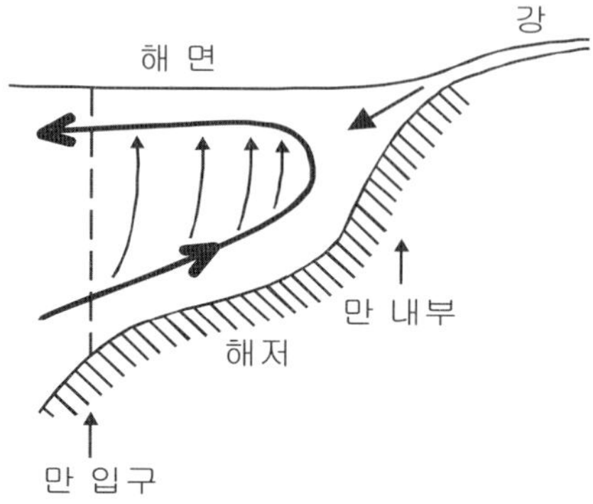


**그림 5.** 하천수의 유입에 따라 발달하는 내만의 연직단면에서의 순환

해수가 접촉하여 혼합하는 반폐쇄성 연안해역을 나타내며, 외측의 바다에 비하여 염분의 낮은 해수가 표층에서 확산되어, 물의 성질도 흐름의 상황도 외측 바다와는 다르게 나타난다.

하천수가 만드는 해열의 연직순환 강도를 알아보기 위해 지금까지 몇 개의 해역에 대해 연직순환에 관여하는 유량이 하천에서 유입되는 하천유량에 비해 얼마나 많은 가를 계산한 결과를 표 2에 정리하였다. 계절이나 조건에 따라 차이는 있으나, 모든 해역에서 연직순환에 관여하는 물의 양이 하천유량의 수배에서 10배, 경우에 따라서는 20배에서 30배 이상으로 하천수의 유입과 함께 발생하는 연직순환의 유량은 매우 크고, 내만에서 매우 발달된 흐름을 나타내는 것을 알 수 있었다.

이와 같은 해역의 강한 연직순환의 존재는 내만 해수와 외해수의 교환이나 물질의 순환에 있어 매우 중요하다. 교환이 나쁘면, 해수가 정체되어 오염되기 쉽고, 만내의 환경을 악화시켜, 결국은 생물

**표 2.** 연직순환 유량과 하천유량의 관계 및 그의 유량비율

| 해역 | 계절 | 하천유량 R ($m^3/s$) | 연직순환유량 Q ($m^3/s$) | 유량배율 (Q/R) | 출처 |
|---|---|---|---|---|---|
| 도 쿄 만 (東京灣) | 여름 | 396 | 2201 | 6 | (宇野木, 1998; 海の研究) |
| | 겨울 | 124 | 1635 | 13 | |
| 이 세 만 (伊勢灣) | 여름 | 800 | 3000 | 4 | (藤原 등, 1996; 海の研究) |
| | 겨울 | 250 | 6000 | 24 | |
| 미카와만 (三河灣) | 여름 | 137 | 1169 | 9 | (宇野木, 1998; 海の研究) |
| | 겨울 | 60 | 1272 | 21 | |
| 오사카만 (大阪灣) | 여름 | 130 | 3300 | 25 | (藤原 등, 1994; 沿岸海洋研究) |
| | 가을 | 120 | 4520 | 38 | (湯淺 등, 1993; 沿岸海洋研究) |
| 히로시마만 (廣島灣) | 연 | 87 | *(최대) | 7 | (山本 등, 2000; 沿岸海洋研究) |
| | | | | 4 | |

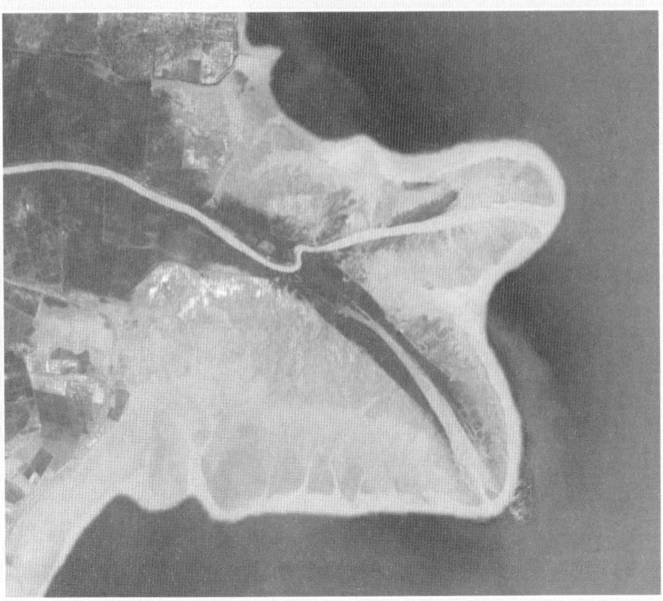

**사진 7.** 중국 황하강 유역에서 배출되는 대량의 부유물질과 그에 의해 형성되는 갯벌의 모습 (사진출처: www.google.com)

생산도 상실되는 바다를 만든다. 예로서 히로시마만(廣島灣)[4]의 북부 해역의 풍부한 생물생산은 이와 같은 하천수의 유입에 따른 해역의 연직순환에 의해 유지되는 것으로 설명하고 있다. 유사한 유형의 현상들은 다른 만에서도 확인되었다. 따라서 표 2를 반대로 생각하면 하천에서 용수를 위한 채수로 인하여, 바다에 유입되는 하천유량이 감소하면 연직순환에 관계하는 전체유량은 하천유량의 감소분에 몇 배로 감소하는 결과를 나타낸다. 이는 결국 내만 해역의 해수교환을 약하게 하여 해양환경을 악화시키고 그에 따라 생물생산의 저하를 가져오는 원인이 된다.

그러면 이와 같은 강한 연직순환이 왜 유량이 훨씬 적은 하천수 유입에 의해 발생하는 것일까? 그 이유에 대해 간략히 생각해 보자. 지금 그림 6(a)에 나타난 것과 같이 수조 중앙에 물을 나눌 수 있는 판을 넣고, 오른쪽에는 가벼운 물(하천수)을, 왼쪽에는 무거운 물(외해수)로 채운다. 그리고 두 개의 물을 나누어 주던 판을 빼게 되면, (b)와 같이 가벼운 물은 표층에서 무거운 물 쪽으로 밀리게 되고, 무거운 물은 밑으로 잠수하여 가벼운 물 쪽으로 이동하여, 최종적으로는 (c)의 상태로 변화 된다[5]. 마지막 (c) 상태는 처음의 (a) 상태와 비교하면, 가벼운 물은 위로, 무거운 물은 아래로 이동하였기에 위치에너지가 감소하였다. 그러나 물리의 기본법칙으로 에너지의 보존법

4) 세도내해의 중앙부에 위치하는 내만으로 히로시마시에 인접한다. 위치는 부도 C 참조.

5) 물은 액체로 높이의 평형을 유지하려는 힘과 밀도가 다른 두 개의 이질적 물이 밀도 차, 즉 무게 차이에 의해 발생하는 현상이다.

칙이 성립하여 감소한 위치에너지는 운동에너지로 전환되면서 (b)와 같은 강한 흐름을 발생한 것이 된다. 단 이 과정에서 실험에 사용된 수조에서는 규모가 작기에 마찰이 작용하여 최종적으로 정지하였다.

그러나 실제 바다에서는 하천수가 계속하여 유입되기에 이 과정은 연속하여 발생하게 되면, 흐름의 방향, 속도 및 밀도가 다른 상하의 흐름 사이에는 난류가 발생하여 아래층의 물을 위층으로 끌어당기는 작용(연행작용, 連行作用)이 관여하기에 그림 5와 같은 연직순환이 발달하게 된다. 이는 겨울에 대륙 기원의 저온으로 무거운 기단[6]이, 바다 기원의 고온으로 가벼운 기단이 형성되었을 때, 지표부근에서는 시베리아대륙에서 강열한 차가운 계절풍이 바다쪽에 위치하는 우리나라로 불어오는 것을 생각하면 쉽게 이해될 것이다.

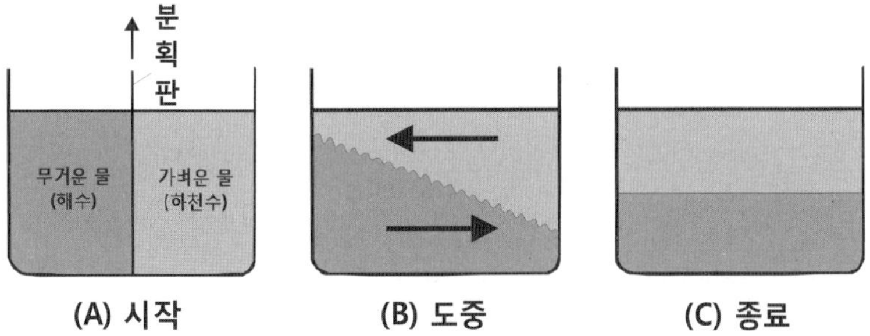


**그림 6.** (a) 수조에서 분획 판에 의해 가벼운 물과 무거운 물로 구분하여 둔다. (b) 분획 판을 빼었을 때 매우 빠른 물의 흐름에서 보이는 물의 움직임, (c) 최종상태

6) 대륙의 차가운 공기에 의해 낮은 온도로 공기가 무겁게 되고, 바다는 대륙보다 높은 온도로 상대적으로 가벼운 공기 덩어리를 만들게 된다.

## 3. 하천과 해안 흐름의 형태

앞 절에서는 특히 만의 연직단면에서 발달한 순환에 주목하였지만, 실제 바다에서는 3차원적인 흐름이 발생한다. 그 모습은 그림 7에 간략하게 나타내었다. 또 이와 같은 3차원적인 순환 전체를 에스츄어린 순환이라고 부르는 경우도 있다. 하구부근에서는 저층에 염분 농도가 높은 해수가 존재하기에 가벼운 하천수는 그 위인 표층을 따라 흐르게 된다. 이때에 저층의 물을 상층으로 끌어 올리는 연행작용이 발생되기에 하천수에는 일부 저층의 해수를 포함하는 해수괴(海水塊, 담수 플륨)가 형성된다. 하구를 빠져 나가 해역에 진입하여도 연행작용은 활발하게 일어나서 하천수를 포함한 표층의 해수괴는 더욱 저층해수를 보충하여 염분농도를 증가시키면서, 만 밖으로 빠져나간다. 한편 만외의 무거운 해수는 저층을

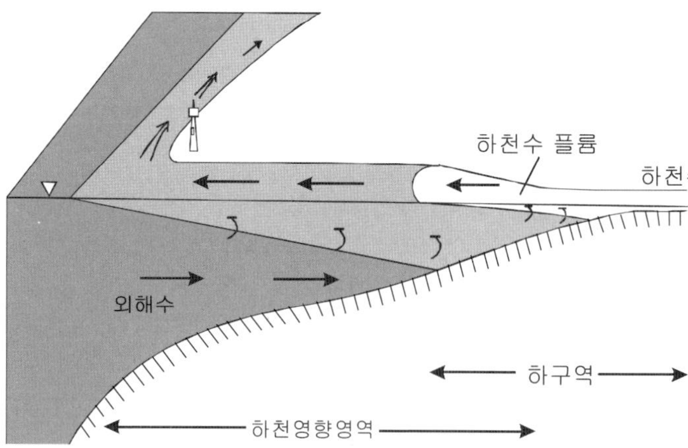


**그림 7.** 하천이 유입하는 연안의 해수유동의 모델도 (笠井, 2003 일부 변경)

통해 내만으로 유입되면서 이전에 설명한 그림 5와 같은 연직순환이 형성된다.

단 수평적으로는 지구 자전의 효과에서 발생하는 특별한 힘이 작용하기에 상황이 조금 복잡하게 된다. 이 특별한 힘은 코리올리의 힘[7)]이라고 불리며, 북반구에서는 운동하는 물체의 진행 방향을 오른쪽으로 쏠리게 하는 역할을 한다. 일기도에서 보는 것과 같이 바람은 기압이 높은 곳에서 낮은 곳으로 직선적으로 불어오는 것이 아니라, 불가사의하게도 등압선에 평행하게 저압부의 왼쪽으로 보며 불게 된다, 이것은 바람이 불어오는 방향에도 코리올리의 힘이 작용하고 있기 때문이다. 그 이유는 그림 8에서 설명한다. 또 이 힘은 시간적으로도 공간적으로 규모가 큰 운동에 대하여 효과를 발휘하기에, 우리가 일상 경험하는 물체나 운동의 경우에 힘은 작용하고 있지만 그 효과를 인식할 수는 없다.

하구에서 내만으로 유출된 하천수는 코리올리의 힘을 받아 그림 7에 나타낸 것과 같이 오른쪽 해안으로 밀리면서, 만입구를 향해 진행한다. 더욱이 만입구를 통해 만외로 빠져나가도 역시 그림에서 묘사한 것과 같이 오른쪽으로 휘면서 해안에 평행하게 진행하는 경향이 있다. 한편 만입구에서 내만으로 향하는 저층 고염분의 무거운

7) 지구자전의 전향력(Coriolis force)이라고도 하며, 지구의 회전에 의하여 발생하는 힘이다. 코리올리 힘 $C = Vf$ (V: 바람의 속도, f: 코리올리 인자 = $2\Omega \sin\Phi$($\Omega$: 자전각속도 $7.292\times10^{-5}s^{-1}$로 극지방에서 최대이고 적도에서는 최소)로 표현되며, 코리올리힘은 움직이는 유체의 운동에 북반구에서 진로의 오른쪽 직각으로 작용하여 운동의 방향만 변화시키고 속도에는 아무런 영향을 미치지 않는다.

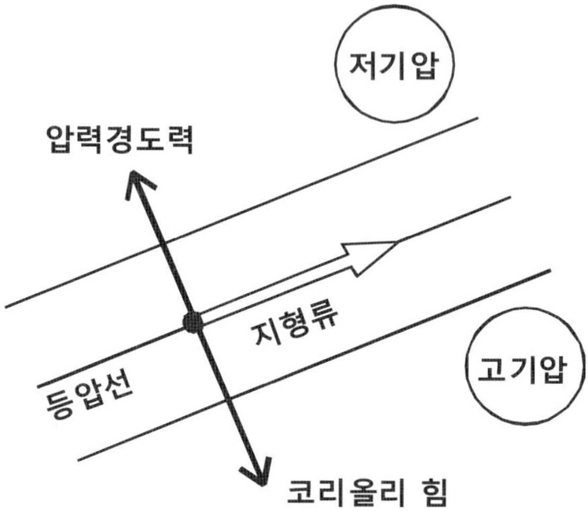


**그림 8.** 자전하는 지구 위의 해수 흐름(지형류). 시간적으로 변하지 않는 정상상태에서는 압력이 높은 곳에서 낮은 곳으로 향하는 압력경도력(등압선에 직각)과 지구자전에 의한 코리올리의 힘(북반구에서는 운동방향이 오른쪽 방향)이 서로 끌어당기고 있다. 이 당기는 힘의 균형이 성립되기 위해서는 해수는 등압선과 평행하게 저압부를 왼손 편에 보면서 흘러가게 된다.

물은 동일하게 오른쪽 방향으로 코리올리의 힘을 받기에 표층의 흐름과는 반대로 좌측 해안(내만을 향해서는 오른쪽 해안)을 따라 내만으로 향한다.

단지 이와 같은 순환형태는 하천유량의 대소, 지형, 만외 해수의 흐름, 외해수와 내만 해수의 밀도 차, 조류, 기상의 상태 등에 따라 매우 다르게 변화한다. 그림 9의 인공위성영상은 일본 동해지방의 대규모 홍수 때, 혼탁한 하천수를 대량으로 포함한 해수괴(담수플륨)가 수루가만(駿河灣)과 엔슈나다(遠州灘)[8]로 유출되었을 때의 이동 양

8) 위치는 부도 D 참조.

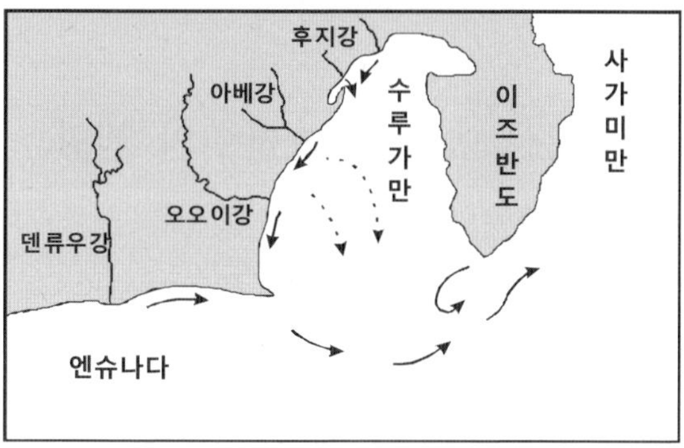


**그림 9.** 일본 동해연안의 하천수 플륨의 랜드셋 영상, 1979년 10월 22일 3일전의 시즈오카현 북부를 통과한 태풍 20호는 대량의 비와 홍수를 발생시켰다 (우주개발사업단 지구관측센터 제공)

상을 찍은 랜드셋[9] 영상이다. 바다 위의 탁수는 해류를 포함하여 만과 연안의 해수유동 양상을 아주 멋있게 나타내고 있다. 수루가만으로 유입되는 주요 하천에서 유출된 물은 이미 해안을 오른쪽으로 보면서 남하하여, 위에서 설명한 코리올리의 힘이 작용하고 있음을 보여 준다. 또 만내에 형성된 큰 소용돌이 존재도 보여 진다. 한편 담

9) 미국의 지구자원 탐사위성인 랜드셋(Landset)이 촬영한 지상의 영상

수 플룸을 포함하여 동진하는 쿠로시오(黑潮)[10]의 연안부에서의 흐름이 크게 사행하여, 소용돌이치는 모습은 아주 인상적이다. 바다의 흐름도 대기의 흐름과 같이 역동적인 것임을 잘 나타내주는 영상이라 할 수 있다.

이상의 설명은 북반구에서 보이는 현상에 대한 내용이고, 남반구에서는 코리올리의 힘은 운동방향의 왼쪽으로 작용하기에, 남반구에서 나타나는 현상은 북반구의 내용과 좌, 우가 반대가 된다.

## 4. 중국대륙에서 유출된 하천수의 행방

보다 넓은 입장에서 강과 바다의 관계를 살펴보자. 지금 중국에서는 세계 최대라고 하는 양쯔강(揚子江)[11] 싼샤(三狹)댐[12]이 건설되어, 취수를 실시하고 있다. 한편 중국의 또 다른 하나의 큰 하천인 황하는 따뜻한 계절에 단류(斷流)라는 현상이 발생한다. 이것은 근년 강수량이 감소하고, 상류에서 과도한 채수를 실시하기 때문에 해에 따라 거리는 다소 차이가 있지만, 하류 수백 km에 걸쳐서 물이 흐르지 않아, 바다로 유출하는 하천수가 없다는 매우 충격적인 현상이다. 황해의 이름에서 알 수 있듯이 황해와 동중국해에는 황하와 양쯔강

10) 우리나라 연안에 가장 큰 영향을 미치는 쓰시마난류의 본류로 장 끝의 Supplementary Box 참조.

11) 장강(長江, Jangjiang)이라고도 하며, 유역길이가 6,000km가 넘는 세계 최대급의 하천

12) 제1장 표지 사진 설명 참조.

에서 유출된 대량의 하천수의 영향을 강하게 받아, 하천수에 포함하는 펄입자에 의해 황색을 나타내는 풍요로운 바다가 형성되어, 우리나라는 물론 중국, 일본의 어업도 이 해역에서 큰 혜택을 받고 있다. 따라서 양쯔강 싼샤댐의 건설이나 황하의 단류에 의해 유입하는 하천유량과 영양분이 감소하면, 동중국해나 황해의 지형, 해수의 흐름, 해양 환경 및 어업 활동 등에 크게 영향을 미칠 것으로 예상된다.

한편 쓰시마난류에 포함된 담수가 쓰시마해협과 대한해협을 통해 동해에 유입되는 정도인가를 계산하여 평균 33,000$m^3$/s라는 결과를 최근 磯辺氣彦씨 등은 보고하고 있다. 이 값은 중국대륙에서 동중국해나 황해로 유출되는 전체의 하천유량과 거의 같은 수준이 양으로, 이 결과는 매우 주목할 만한 내용이다. 이 계산 결과가 정확하다면 중국대륙에서 바다로 유출된 하천수는 남중국해를 통해 태평양으로는 거의 확산되지 않고, 대부분이 우리나라 남해를 경우하여 쓰시마해협과 대한해협을 통해 동해로 유출되는 것을 의미한다. 이와 같이 중국대륙에 기원을 둔 대량의 하천수가 동해로 유입되는 것은 동해의 물리, 화학적 환경과 생물생산에도 매우 커다란 역할을 하고 있다고 판단된다. 즉 싼샤댐 건설이나 황하의 단류에 의해 하천수 유입의 차단은 우리나라 남해 및 동해의 해양 환경은 물론 어업활동에도 커다란 변화를 나타낼 것으로 예상되기에, 앞으로 주의 깊은 관찰 및 모니터링이 요구된다.

이와 같이 바다로 유출된 하천수는 우리의 상식을 뛰어 넘는 광범위한 분야까지 무시할 수 없는 막대한 영향을 미칠 가능성이 높은 것에 주의할 필요가 있다. 따라서 하천사업을 실시할 때에도 반드시 바다 환경에 미칠 수 있는 영향에 대한 충분한 배려가 있어야만 하겠다.

| Supplementary Box |

## 구로시오해류와 쓰시마난류

우리나라 연안해역에 가장 큰 영향을 미치는 해류는 필리핀동안에서 발원하여 일본열도 남부를 통해 혼슈북동부에서 오야시오(親潮, Oyashio current)해류와 만나 북태평양을 사행하면서 횡단하는 구로시오(黑潮, Kuroshio current)해류의 분류인 쓰시마난류(對馬暖流朝, Tsushima warm current)이다. 쓰시마난류는 일본열도 남방에서 분류하여 동중국해로 유입되어, 중국대륙에서 유출되는 연안수의 세력에 의해 그 분포 및 확장영역을 달리하면서 한국 연안해역의 해양환경변화에 매우 큰 영향을 미친다. 특히 쓰시마난류는 중국대륙에서 유출된 막대한 하천수를 대한해협과 쓰시마해협을 통해 동해로 유입시키는 역할도 수행하고 있다. 동해로 유입된 쓰시마난류는 동해에서 다시 몇 개의 흐름으로 나누어지지만, 결국은 일본 혼슈와 홋카이도 사이의 쓰가루해협을 통해 태평양으로 유출된다(참고 그림 1). 그러나 동중국해 및 한국연안에서의 계절에 따른 쓰시마난류의 이동경로는 해양물리학자들에 따라 의견을 달리한다.

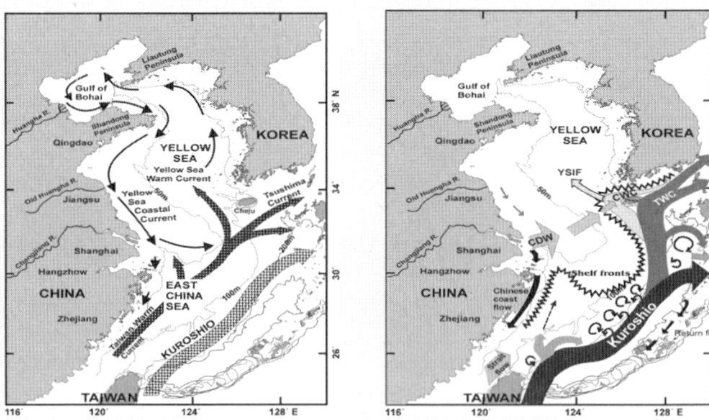


**참고 그림 1**. 황해, 동중국해 및 한국남해역의 표층해류의 분포
(왼쪽: Beardsley et al., 1985; 오른쪽: Lie and Cho, 2002)

# 제4장
# 강이 키우는 해수와 생명

**앞쪽 사진**

낙동강 상류에 해당하는 안동의 하회마을, 하화마을이란 강이 돌아 가는 지역이라 해서 붙여진 이름이란다. 하천은 상류에서 물의 흐름이 형성되면서 토사를 주축으로 하여 다양한 물질을 수송한다. 수송 중에 흐름의 약해지는 부분에 토사가 모여 모래톱을 형성한다. 하회 마을에도 강이 돌면서 강한 흐름을 보이는 곳은 침식으로 점차 육지부가 깍여 지는 반면, 흐름의 약한 부분에는 퇴적되어 넓은 모래톱이 형성되고 있다.

지금까지 설명한 것처럼 해수의 성립, 연안의 흐름, 바다의 생물에 있어, 하천수의 유입은 매우 중요하다. 내만해수에 포함되는 하천수의 비율을 조사하면, 이세만(伊勢灣)과 미카와만(三河灣)[1] 어느 쪽도 만 전체를 평균하여 비가 많은 시기에는 10% 정도이며, 비가 적은 겨울에도 수%에 달한다. 많은 양의 하천수의 존재는 내만 해수의 특성을 지배하고, 만내부의 생지화학적 과정[2]도 이것에 크게 의존한다.

## 1. 하천의 영향이 큰 바다의 구조

바다에서 발생하는 다양한 현상들은 수온, 염분, 밀도 등의 공간분포 즉 바다의 해황 구조에 깊게 관여된다. 또한 해황구조는 해면의 가열·냉각과 함께 하천수의 유입에 강한 영향을 받는다. 이와 같은 상황을 그림 10의 (a)와 (b)에 나타낸 도쿄만(東京灣)[3]의 수온, 염분의 연직분포(상하방향의 분포)의 계절변화로부터 이해할 수 있다. 따뜻한 시기에 다량의 하천수가 유입되고, 해수 표면에 일사량에 의

1) 일본 중부지방에 위치하는 해역으로 위치는 부도 D 참조
2) 생지화학적 순환(Biogeochemical cycle)이라고도 하며, 일반적인 물질순환 과정을 나타낸다. 예로서 대기 중 이산화탄소는 광합성에 의해 생물체를 구성하는 성분으로 전환되었다, 생명을 다하거나 자연재해 등에 의해 땅속에 퇴적되었다가 재차 화석연료로 채굴되어, 연소시켜 인산화탄소로 전환되는 것과 같은 일연의 과정을 말한다.
3) 도쿄에 인접하는 내만으로 위치는 부도 D 참조.

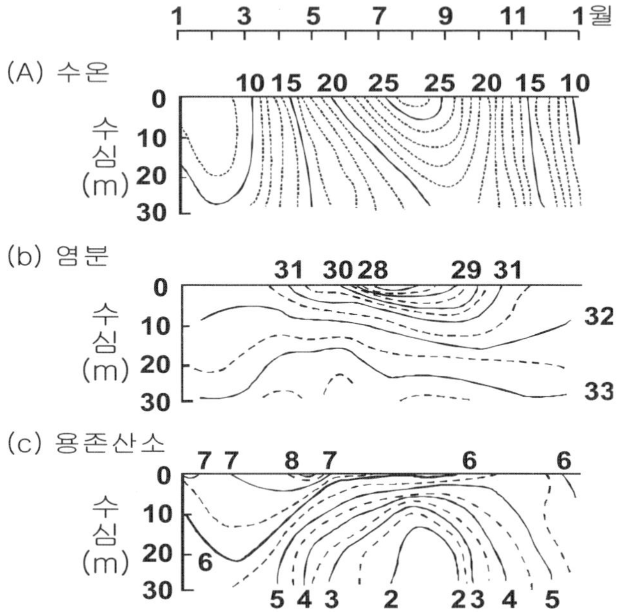


**그림 10.** 도쿄만(東京灣) 중앙부의 수온(a), 실용염분(b), 용존산소(c, mℓ/L) 연직 분포의 주년 변화. 장기간의 평균 (宇野木・岸野, 1977)

한 가열이 되면 해수 표면부근에는 고온, 저염분의 가벼운 물이 넓게 분포한다. 차가운 시기에는 하천수 유입도 적고, 해수 표면도 낮은 일사량으로 냉각되어 수온은 낮고, 염분은 높아진다. 그러나 저층은 표층에 비하여 수온은 고수온기에 낮고[4], 저수온기에는 반대로 높지만, 염분은 연중 저층이 높다. 그리고 계절변화의 폭도 표층에서 저층으로 갈수록 적어진다.

따라서 고수온기에는 표층의 고온, 저염분의 가벼운 해수와 저층

4) 상대적 비교값으로 표현되는 것으로, 절대값으로는 저층수온도 고수온기에 높고, 저수온기에 낮다.

의 저온, 고염분의 무거운 해수 사이에 큰 밀도 차이가 발생한다. 해수의 밀도는 담수와 달리 빙점에 도달할 때까지 수온이 낮을수록 또 염분이 높을수록 크게 된다. 표층의 가벼운 물, 저층의 무거운 물과 밀도를 달리하는 해수가 겹쳐있는 상태를 밀도성층이라고 한다. 고수온기에는 밀도성층이 크기에 안정성이 강하고, 해수의 상하방향으로의 혼합은 매우 약해져서 열이나 물질의 수송은 크게 제한한다. 이에 반해서 저수온기에는 연직방향의 밀도차이가 적게 되고, 안정성이 약해져 해수는 상하로 잘 혼합되고, 수온이나 염분의 상하 차이는 축소되어 거의 같은 분포를 하게 된다.

이와 같은 하천유량의 증감과 기상조건에 의해 성층[5)]상태가 크게 되는 것은 물질순환이나 분포에 크게 영향을 미친다. 예를 들면 수질오염이 진행된 도쿄만(東京灣)의 용존산소에는 다음과 같은 현상이 나타난다(그림 10(c)). 즉 표층은 대기에서 산소가 해수로 녹아들고 있을 뿐만 아니라, 식물플랑크톤에 의한 광합성 작용으로 산소가 만들어지기에, 산소가 매우 풍부하게 존재한다. 그러나 여름에는 안정된 밀도성층 때문에 표층의 풍부한 산소가 저층으로 운반되지 못한다. 그런 한편 저층에는 표층에서 식물플랑크톤, 동물플랑크톤, 더욱이 어류의 사체나 동물의 배설물(분)을 비롯하여 강을 통해 육지에서 운반되어 온 유기물들이 다량으로 침전되어 퇴적되게 된다. 저층에 모아진 유기물은 세균 등의 분해자에 의해 분해되지만, 이 분해과정에서 많은 산소가 소비된다[6)]. 즉 고수온기에는 표층의 풍부한 산소가

5) 장 끝의 Supplementary Box 참조.

6) 장 끝의 Supplementary Box 참조.

저층으로 공급되기 어렵고, 저층에서는 집적된 유기물을 분해하면서 다량의 산소를 소비하기에 저층 해수는 결국 산소가 매우 희박한 상태로 변화하여, 빈산소화가 발생한다. 심할 때에는 산소가 거의 없는 상태가 되어, 세균에 의한 분해가 불가능 하여 해저 퇴적물은 유기오염화 되고, 생물은 생존할 수 없게 된다[7].

## 2. 강과 바다가 접촉하는 해역의 생태계 특징

강과 바다가 접촉하는 해역을 하구(estuary)라고 한다는 것은 앞에서 설명하였지만, 시간적 또는 공간적으로 염분 농도가 심하게 변화하며, 더욱이 pH나 수온의 변화도 크기에 생물의 서식 및 성장에는 가혹한 환경이 될 수도 있다. 게다가 식물에 비해 환경의 변화에 민감한 동물의 하구에서 서식 가능한 종류는 비교적 안정한 호수나 외해에 비해 매우 적게 된다. 이와 같은 해역에 따른 동물의 종류수와 염분의 관계는 그림 11에서 이해할 수 있을 것이다. 그림은 본래의

7) 실제 해양에서 이 과정이 단순하지 않고 복잡하여 산소가 없게 되면, 산소가 없는 상태(혐기상태)에서 유기물을 분해할 수 있는 세균들이 활동하게 된다. 이와 같은 세균은 해수중의 용존산소를 사용하지 않고, 해수 중에 녹아 있는 화합물에 결합된 산소를 이용할 수 있는 능력을 가진다. 즉 산소가 없는 혐기상태에서 활동하기에 혐기성 세균이라고 불리기도 하며, 이들은 해수 중 황산이온($SO_4^{2-}$)에 부착된 산소를 이용하기에 황산환원세균(황환원세균)이라고 하기도 한다. 이와 같은 세균이 활동은 부산물로서 황화수소($H_2S$)를 발생시켜 해저의 펄을 검게 탈색시키기도 하고, 계란 썩는 냄새의 악취를 발생하기도 하지만, 황화수소라는 유독가스에 의해 바다 저층에 생물서식이 불가능한 환경으로 변화시키게 된다.

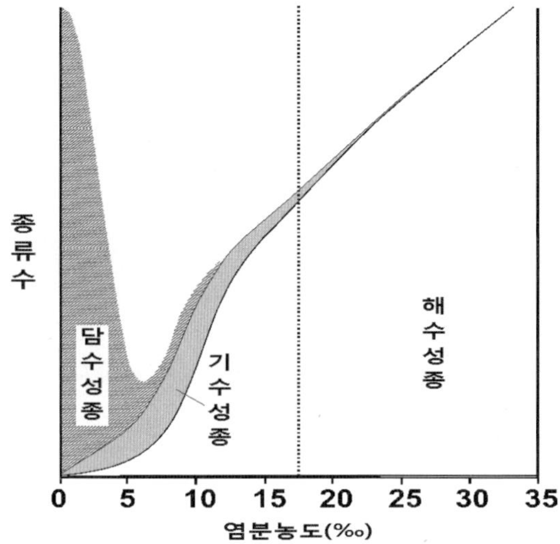


**그림 11.** 염분농도와 그곳에 서식하는 동물(해수성, 기수성, 담수성 종)의 종류수와의 관계 (Remane and Schlieper, 1958)

해양 및 담수역에서 생물 종류를 각각 100으로 하여 비교한 것이다.

그러나 식물의 경우는 사정이 다르다. 광합성을 실시하는 식물은 빛과 영양염이 풍부하고, 적당한 해수운동이 있는 하구는 좋은 환경이 되어, 식물플랑크톤, 대형의 해조류, 미소한 저서조류[8] 등 다양한 종류의 식물이 풍부하게 서식하게 된다. 따라서 하구는 연안이나 넓은 외양보다도 식물의 다양성이 높은 것으로 알려져 있다. 또 해역에 존재하는 생물량(biomass)[9]도 영양의 공급이 풍부하기 때문에 매우 높다. 하구에서 단위면적에 대한 광합성 생산인 일차생산은 원

---

8) 펄 등에 부착하여 생활하는 식물플랑크톤으로 대부분 규조류가 해당되며, 일부 특수 환경에서는 남조류가 우점한다

9) 단위면적 또는 단위 체적에 대한 대상 생물의 총량(주로 무게)으로 표현된다.

양생태계와는 비교되지 않을 정도로 크고, 호소생태계나 육상의 열대우림 생태계와 같은 수준이거나 그 이상의 크기를 나타내는 것으로 알려진다. 따라서 내만환경에 적응하는 어패류는 이와 같은 높은 식물의 일차생산량에 의해 대량으로 생존하는 것이 가능하여, 이와 같은 어패류를 대상으로 하는 어업활동이 하구에서 매우 활발하게 이루어진다.

해역의 일차생산량을 높게 하기 위해서는 육상에서 하천을 경유하여 유입되는 대량의 영양염 공급도 기본적으로 중요하지만, 해저퇴적물이나 해수 중에 떠다니는 부유 현탁입자에서도 영양염이 용출되어 해수 중에 공급된다. 더욱이 앞에서 설명한 것처럼 하구순환(그림 5)의 역할이 매우 중요하다. 즉 표층에서 생산된 유기물은 하구순환의 표층 흐름으로 외해로 운반되면서 침강하고, 저층에서 분해되어 무기 영양염으로 해수 중에 재공급된다. 따라서 외해쪽 저층의 해수에는 영양염이 많은 양으로 포함되어 있다. 이 해수가 재차 저층의 하구 순환에 의해 연안으로 운반되어 상승하면, 식물생산에 크게 기여하게 된다.

하구순환에 의해 저층에서 표층으로 공급되는 영양염의 양은 예상보다 크다. 山本民次씨에 의하면 히로시마만(廣島灣) 북부해역의 예를 들어, 강에서 공급되는 영양염의 양에 비해 인은 3/4, 질소는 1/2 수준이 하구 순환에 의해 저층에서 식물성장이 가능한 표층으로 공급되는 것으로 보고하고 있다. 이 비율은 松川康夫씨에 의하면 미카와만(三河灣)은 히로시마만보다도 높고, 도쿄만(東京灣)은 미카와만보다도 더욱 큰 것으로 보고한다. 이렇게 만내의 물질순환에서 하구

순환은 영양염 공급에 매우 큰 역할을 하고 있다. 그런데 위에서 설명한 내만의 예는 영양염이 하천을 통해 풍부하게 공급되는 경우이다. 자연상태가 남아 있어 하천에서 영양염 공급이 부족한 내만연안은 하구순환에 의해 저층에서 공급되는 영양염이 해역의 생태계와 생물생산에 있어 절대적으로 필요하기에, 하구순환은 매우 중요한 내만의 해수유동이라 할 수 있다.

## 3. 강에서 유입되는 물질과 연안환경

하천수와 해수의 화학조성에서 가장 큰 차이는 하천수 중에는 해수의 주성분이 되는 나트륨, 염소와 같은 무기염류가 적고, 반대로 생물체를 구성하는 질소, 인, 탄소 등의 화합물이 많이 존재하는 것이다. 전자의 무기염류는 물에 녹기 쉽기 때문에 육지에서 강을 경유하여 바다로 운반되어 축적되어, 현재는 해수를 구성하는 주요성분이 되어 있다. 세계의 바다를 평균하면 1kg의 해수에는 약 35g의 염류가 포함되어 있지만[10], 이는 매우 오랜 시간을 걸쳐 담수와 해수가 교환되면서 지금의 값으로 정착되어 있는 것이다[11].

10) 일반적으로는 염분(salinity)라고 하는 용어로 정립되며, 염분은 해수 1kg에 녹아 있는 염류(salt)의 총량을 무게로 나타낸 것으로 단위는 천분율(‰, g/kg)을 사용하여 퍼밀로 읽는다.

11) 매우 복잡하고 다양한 현상으로 다수의 전문용어에 의해 정립된다. 구체적인 내용은 양 등(1994)의 해양과학(문운당)의 서적을 참고하기 바란다.

**사진 8.** 하구역은 하천의 흐름이 바다의 흐름에 의해 상쇄되면서, 급속히 흐름이 약해진다. 그에 따라 대형 하천에서는 상류에서 운반된 막대한 토사가 하구역에 모여 삼각주를 이루어 비옥한 토지를 형성한다. 소규모 하천도 규모는 적지만, 하구역에 토사가 모여 비옥한 토지를 형성하고, 그 곳에는 갈대 등의 염생식물이 좋은 서식처가 되고 있다. 사진은 전남 강진군 탐진강 하구역/도암만 내만에 위치하는 갈대군락을 보여준다.

한편, 후자의 화합물은 주로 육상의 토양성분 등에 의해 생성된 것으로, 바다로 운반되어 해양생물의 영양물질이 된다. 따라서 해양의 표층은 원래 영양이 빈약하지만, 연안의 하구는 하천에서 풍부한 영양물질이 공급되기에 앞 절에서 설명한 것과 같이 지구상에서 몇 안 되는 높은 생물생산으로 풍요로운 생태계가 형성된다. 게다가 이와 같은 해역은 수산자원의 공급원으로서도 매우 중요한 장소가 되고 있다.

하천유량은 변동이 심하고 홍수 때는 평상시 유량의 10배정도에서 수십배로 증가하기도 한다. 이 결과 강에서 바다로 운반되어진

물질의 상당부분은 홍수 때에 수송된다. 그래서 홍수 때의 물질수송과 그 영향에 주목하게 된다. 일예로서 田中勝久씨 등에 의해 상세하게 조사된 2000년 9월 11~12일에 발생한 동해 호우의 경우를 소개한다. 이와 관련하여 이 호우에 의한 수해로 아지현(愛知縣)12)에서 약 60만명에 피난 경고가 발령되어, 약 8,500억 엔에 미치는 막대한 피해가 발생하였다. 이 수해는 최근 문제가 되는 도시형 수해의 전형적인 예로서도 유명하다. 이때의 총강우량은 600mm로서 아지현 야하기강(矢作川) (그림 14 참조)에서는 매초 약 4,000m$^3$로 지금까지 최대의 유량을 기록하였다.

호우 이후 일주간의 야하기강(矢作川)의 홍수 유량은 연간유량의 31%를 나타내었다. 한편 강의 탁도의 원인이 되는 현탁물질의 부하량 (물질의 유출량)은 25만톤 이상으로 연간 부하량의 83%를 점유하였다. 홍수 때에 유출하는 현탁물질의 연간으로 점유하는 비율이 하천유량의 그것에 비하여, 0.83÷0.31 = 2.7배로 크다. 이만큼 막대한 물질이 바다로 흘러간다는 것은 놀라운 일이다. 이 홍수로 바다로 흘러간 다량의 현탁물질의 기원은 토양이라고 할 수 있다. 또 연간 총부하량에서 홍수시의 부하량을 뺀 것을 평수 연간 부하량이라고 한다면, 현탁물질의 호우 때의 양은 평수 연간 부하량의 약 4.9년분에 해당하고 있다.

현탁물질에는 다양한 성분이 포함되어 있지만, 여기서는 바다 생산의 기초가 되는 영양물질인 인과 질소에 주목하여 보자. 계산된

---

12) 일본 혼슈 중부지방을 대표하는 지방. 위치는 부도 D 참조.

결과에 의하면 호우 때의 부하량은 평수 연간 부하량에 비하여 인은 3.3년분, 질소는 2.5년분으로 토양기원 영양물질의 부하량이 얼마나 많은가를 알 수 있다. 홍수 이후 따뜻하고 평온한 날씨가 2, 3일 계속되면 적조가 발생하여 어패류를 폐사시키고, 수질이 매우 악화되는 경우가 있다. 이것은 지금 조사한 다량의 영양물질이 유입된 것이 원인이 되어, 플랑크톤이 대 증식하기 때문으로 알려진다. 이와 같은 경우는 매우 극단적인 경우이나. 하천에서 공급된 영양물질이 해역에서 생태계와 생물생산의 기초가 되고 있는 것을 고려하면 홍수 때 대량으로 유출되는 영양염 및 물질이 해양환경에 미치는 영향은 매우 클 것으로 누구나 쉽게 예측할 수 있을 것이다.

또 홍수 때에 유출된 토사는 해수의 흐름을 타고 확산되면서 침강하게 된다. 동해 호우의 경우에 토사의 퇴적범위가 야하기강(矢作川)이 유입되는 치타만(知多灣)의 면적의 55%를 점유할 정도로 막대하였다. 뿐만 아니라, 상류에서 흘러 내려온 토양 현탁물질이나 토양콜로이드(입도광물 복합체나 부식물질 등의 콜로이드상의 유기물)는 해수와 접촉하면 급속히 응집하여 침강 · 침적하기에 하구 밖의 조사지점보다 하구 내부의 하천 감조역(하천에서 조석의 영향이 미치는 범위)이나 하구주변에 더욱 두껍게 퇴적된다고 할 수 있다.

이와 같이 하천 유량이 증가할 때 해역에 대량으로 공급된 토양물질은 본래라면 바다를 비옥하게 하는 요인이 된다. 즉 천해역이나 갯벌에 잘피 등이 번무하여 산소가 풍부한 건전한 환경을 나타내는 해역이라면, 펄을 덮어쓰고 일시적으로는 이들 생물에 다소의 장해를 준다고 하더라도, 다소 시간의 경과와 함께 하천에서 유입된 물질에서 영양염이 서서히 용출하여 연안해역의 안정된 생물생산을 지탱하는 유익한 역할을 하게 된다. 그렇지만 매립, 간척, 준설 등에 의해 갯벌, 습지, 천해역이 이미 사라진 우리나라 주요 내만과 같은 해역은 고수온기에 이미 해저가 빈산소화 환경으로 되어 있다. 이와 같은 환경에 홍수 때 내만의 깊은 골에 단시간 대량으로 퇴적된 토양물질에서 질소와 인은 영양염이 아닌 오염물질의 부하량으로 작용하게 된다. 이는 해역의 수질오염을 촉진시켜 내만 환경을 한층 더 악화시킬 가능성이 크게 되어, 하천에서 유입되는 물질에 고마워할 수만은 없게 된다[13].

따라서 개발과 함께 오염이 진행된 폐쇄성 내만의 환경개선을 추진하기 위해서는 삼림이나 농지 등 집수역의 식생을 적절히 보전·관리하여 하천이나 내만으로 대량의 토양이 유입되는 것을 방지하는 것이 매우 중요한 과제가 된다.

## 4. 강과 바다를 회유하는 물고기

생물의 서식 장소가 얼마나 중요한가는 환경이 변화하였을 때에 어떻게 영향을 받을 것인가를 아는 것에 의해 쉽게 이해할 수 있다.

---

13) 바다에서는 같은 내용에 대해서도 해역에 따라 이와 같이 전혀 다른 결과를 나타내기에 우리나라 서해에서 도출된 결과를 아무 수정없이 남해에 적용하는 등의 행위는 매우 높은 위험성을 동반하기에 각 내만에 대한 해역특성 파악 및 그에 적절한 결과 대입이 매우 중요하다.

이와 같은 내용을 강과 바다를 회유하는 회유어류를 예로 들어 살펴보자. 구체적으로는 도야마만(富山灣)[14]에 유입하는 진츠우강(神通川)과 쇼우강(庄川)의 은어와 산천어에 대해 살펴본다. 이에 대해서는 田子泰彦씨에 의해 상세한 조사 결과가 있으며, 또 도야마만은 뒤에 설명하는 아리아케만(有明海)나 야츠시로만(八代海) 정도로 바다 환경이 악화되지 않았기에 하천사업의 영향이 비교적 파악하기 쉽다.

옛날에 진츠우강(神通川)이나 쇼우강(庄川)에는 산천어와 은어, 연어 등의 소하성 어류[15]가 넘쳐나서, 일본 유수의 하천어업의 명소로 알려져 있었지만, 지금은 하천 형상이 크게 변화되어 어업이 크게 쇠퇴하였다. 즉 진츠우강 수계에는 1941년 이후에 댐이 19개, 쇼우강 수계에는 1930년 이후 17개의 댐이 건설되었고, 기타의 하천사업도 추가되어 하천환경이 크게 변화하였다(그림 12). 결과 산천어나 은어가 소상(遡上)할 수 있는 거리는 예전과 비교하여 각각 17%와 97%까지 격감하였다. 그래서 메이지(明治)시대에는 179톤 수준이었던 친츠우강 산천어의 연간 어획량은 1960년 이후는 50톤 이하로 낮아졌고, 현재는 겨우 1톤을 유지할 정도로, 어업이 풍전등화와 같은 여건을 나타낸다. 은어는 1980년대 후반에는 150톤이었지만, 지금은 100톤도 안되게 어획되고 있다. 쇼우강에서 1930년의 고마키(小牧)댐 완성의 2, 3년 후에 산천어의 어업은 한꺼번에 감소하였다.

---

14) 동해안에 위치하는 니가타현에 위치하는 내만. 위치는 부도 D 참조.

15) 생활 중에 일부 기간은 바다, 일부 기간은 강에서 생활하는 연어, 은어, 뱀장어 등과 같은 어류를 말하며, 강이나 바다로의 이동은 산란 및 섭이와 같은 관계를 가진다.

이것은 하천사업에 의해 회유어류가 강을 거슬러 올라갈 수 있는 범위가 크게 감소한 것, 댐의 건설이나 모래 채취를 위해 토사, 모래 및 자갈 등이 하류로 흘러가는 것이 단절되어 하천바닥이 낮아지고 상류에는 암반의 노출, 하류에는 모래 및 자갈이 소실되어 회유 어류의 서식환경이 매우 악화된 것이 원인이라 할 수 있다. 이에 추가하여 바다에 가장 가까운 댐보다 하류에 있는 하천어업의 주요 어장은 호안공사 등에 의해 유로의 직선화 및 하천바닥의 평탄화가 추진되면서, 소하성 어류의 휴식 및 서식처인 귀중한 깊은

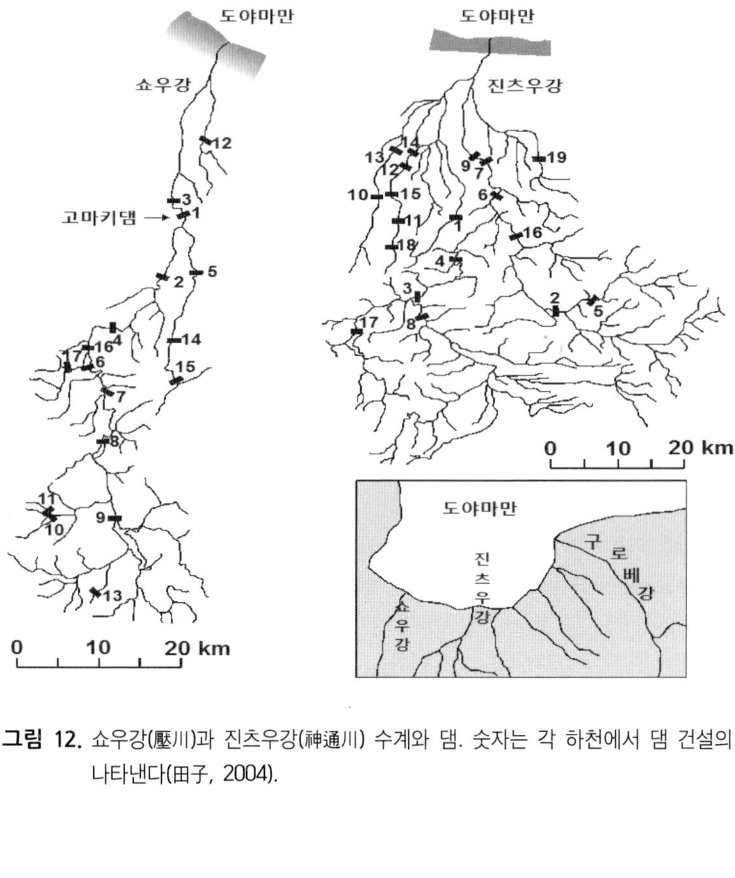


**그림 12.** 쇼우강(壓川)과 진츠우강(神通川) 수계와 댐. 숫자는 각 하천에서 댐 건설의 순서를 나타낸다(田子, 2004).

연(淵)의 수가 적어지면서 어류의 서식이 곤란해졌기 때문이라 판단할 수 있다.

여기에서 어류의 서식환경으로 두 하천의 특징을 비교하면, 다음과 같은 것을 알 수 있다. 진츠우강에서는 어느 정도 하천유량이 확보되어 은어의 자치어 서식장으로서 매우 중요한 모래사장 해안의 하구가 양쪽에 광범위하게 분포하고 있어, 아직도 은어 자원이 양호하게 유지되고 있다. 이에 반하여 쇼우간에서는 하천유량이 대폭으로 감소하였고, 중류역에서 합류하는 유일의 지류가 발전용의 배수로화 변화되었고, 더욱이 하천 양쪽에 존재하던 모래사장은 완전히 소실하는 등, 하천사업의 영향을 극심하게 받고 있어 은어 등 하천어업은 극단적으로 쇠퇴하기에 이르렀다.

| Supplementary Box |

## 성층, 용존산소 및 해저 빈(무)산소층

지구표면에 도달하는 태양복사는 천체운동에 따른 태양고도의 변화로 인해 위도 및 계절에 따른 차이가 매우 크다. 따라서 지구표면을 덮고 있는 바다에서도 태양복사의 차이에 의해 수온이 계절 및 위도에 따라 큰 차이를 보이게 된다. 참고 그림 2에는 적도지방, 중위도해역 및 극지방에서 보이는 수온의 연직분포를 나타내는 모식도이다. 바다에서 수온의 계절변화가 나타나는 깊이는 표층 약 400m 이내에 한정된다. 해수표면 가까이에서는 풍랑 등에 의해 균질화 되어진 등온층이 나타나는데 이를 혼합층(混合層, mixed layer)이라 하며, 계절에 따라 그 두께가 달라진다. 중위도해역의 표층에서는 여름에 큰 수온경도가 나타난다. 이와 같이 계절에 따라 수심변화에 비해 수온변화가 크게 나타나는 불연속층을 계절적 수온약층(季節的 水溫躍層, seasonal thermocline)이라 한다. 반면, 그 보다 깊은 곳에서 보이는 불연속층은 연중 변함없이 존재하므로 영구 수온약층(永久水溫躍層, permanent thermocline)이라

한다. 그리고 이 영구수온약층보다 깊은 곳의 수온은 연중 거의 변함없이 일정한 값을 보이므로 심해 등온층(深海等溫層, isothermal layer)이라 한다. 이와 같이 해양에서 연직적으로 보이는 불연속선인 약층(躍層, cline)은 단순히 물리·화학적 환경인자의 불연속을 보이는 것만이 아니라, 약층을 경계로 상층과 하층 사이의 물질순환을 제한하는 역할을 하게 된다. 따라서 이와 같은 해양환경에서 연직적인 불연속선은 해양의 생물생산은 물론 연안해역의 환경문제를 접근하는데 매우 중요한 단서를 제공하며, 이와 같은 불연속선의 형성되는 현상을 성층(成層, syrstratification)이라 하며, 일반적으로 밀도가 낮은 해수는 상층, 그리고 하층에는 밀도가 높은 해수가 차지하여 매우 안정된 해수의 연직구조를 나타낸다. 우리나라 연안에서는 주로 봄에서 초가을까지에 쉽게 관찰된다.

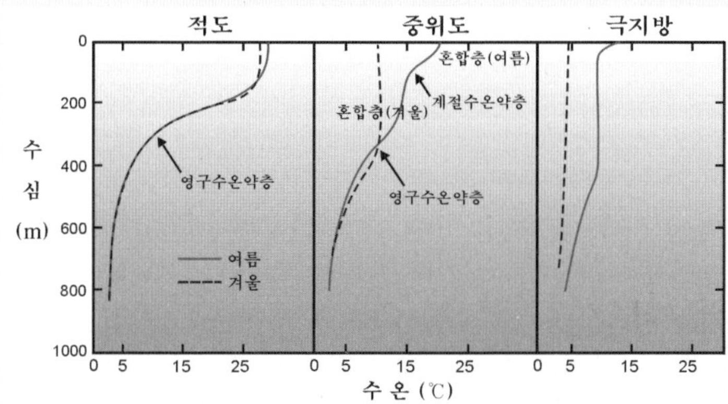


**참고 그림 2.** 위도에 따른 수온의 연직분포 모식도

해수 중에 녹아 있는 산소를 용존산소(溶存酸素, dissolved oxygen: DO)라고 하며, 해양생물의 생산활동에 가장 민감한 영향을 받고 있는 원소이다. 표층 해수의 용존산소는 대기와 해양 표층 사이의 기체교환과 해수유동 등의 해양 물리학적 요인에 의하여 대기에서 공급되며, 해양생물의 광합성 작용에 의해 해수 중으로 산소가 공급되기에 대부분의 해역에서 과포화 상태를 나타낸다. 한편, 연안의 저층 해수에서는 대기로부터의 산소 공급이 차단되고 생물의 호흡 작용과 종속영양세균에 의한 유기물 분해 등으로 산소가 소비되어, 용존산소는 감소한다. 산소가 해수 중에 녹을 수 있는 용해도는 수온과 염분에 의하여 결정되며, 수온과 염분이 낮을수록 용해

도는 높아진다. 따라서 심층 해수 중에서도 고위도 지방의 차가운 해수와의 접촉으로 형성된 해수에서 비교적 용존산소가 높게 나타난다. 심층 해수의 용존산소는 생물의 호흡 및 유기물질 분해 등으로 산소가 소비되어 낮은 값을 나타내지만, 대부분의 세계 주요 해양 분지에서 3 ml/l 이상의 값을 나타낸다. 다만 표층의 생물생산이 풍부하고 해수 교환이 불량한 폐쇄성의 해역에서는 종속영양세균이 표층에서 침강된 유기물질을 분해하면서 많은 양의 산소를 소비하게 되어 해저에는 산소가 부족한 빈산소 또는 저산소층이 존재하며, 진행하여 결국은 무산소 수괴(無酸素水塊, anoxic water)가 형성되기도 한다. 흑해(Black sea)는 정체성이 강하여 중층 이하의 수심에서 항시 무산소 수괴가 형성되고 있는 전형적인 해역이다. 최근에는 우리나라에서도 폐쇄성이 강한 연안, 마산만, 가막만 일부 해역 등 내만 해역에서 도시하수와 산업 폐수의 유입 등, 인위적인 요인에 의해 고수온기에 해저 무산소 수괴가 발생한다.

**사진 9.** 하천을 통해 연안해역으로 유입되는 입자물질에 의해 형성된 광활한 갯벌. 사진은 여자만 북부 보성만 습지보전해역의 일부 전경

# 제5장
# 가장 오염된 미카와만과 도요강에서 취수의 관계

**앞쪽 사진**

바다에서 수심이 얕은 연안해역은 매립, 간척은 물론 다양한 개발사업이 활발하게 이루어진다. 실제로는 개발에 의한 가치보다 바다 환경을 보전하는 것이 더욱 높다는 보고도 있지만, 무형의 자연적 가치보다 확인할 수 있는 경제적 가치 우선 주의가 더욱 연안개발을 추진하는 원인이 된다. 사진은 2009년 인천송도와 인천국제공항을 연결하는 인천대교의 완공 모습

일본은 둑이나 댐에서 다량의 물을 채취하고 있다. 채수된 물의 일부는 사용 이후에 본래 유입되던 바다로 돌아가는 경우도 있지만, 대부분은 대기와 지면에서 사라지거나, 다른 지역으로 운반된다. 이 취수에 의한 하천유량의 감소가 해역 환경에 커다란 영향을 미치는 예를 미카와만(三河灣)의 경우를 통해 살펴본다. 미카와만은 과거 해수면의 단위면적 당 어획량이 일본에서는 도쿄만(東京灣)에 이어 두 번째로 많았고, 일본의 최초 수산시험장이 설치될 정도로 높은 생물 생산력을 나타내는 풍요롭고 아름다운 바다였다. 서쪽의 가마쿠라(鎌倉)의 에노시마(江島)[1]라고 불리웠던 가마고리(蒲郡)도 미카와만에 위치하여, 해수의 색은 파랗고 투명하여 관광휴양의 명소로서 인기가 있는 바다였다.

이와 같았던 미카와만(三河灣)이 지금은 오염부하가 도쿄만(東京灣)의 1/10 이하로 낮지만, 오염정도는 도쿄만에 뒤지지 않은 일본 최고의 수준을 나타내는 황폐한 바다로 변하였다. 미카와만은 동부의 아츠미만(渥美灣)과 서부의 치타만(知多灣)으로 구분되지만, 내만해역에 위치하는 아츠미만의 오염이 특히 심하다. 이곳에서는 연중 적조[2]가 발생한다. 수년전 여름, 내만해역 가까이에 있는 모래사장을 방문하였을 때, 해수는 검게 물들고 해저는 유기오염이 진행된 퇴적물이 분포하고 있어, 모처럼 백사장을 방문했던 어린이들도 물에 들

1) 일본 도쿄도(東京都) 서쪽의 가나가와현 가마쿠라시와 후지자와시 경계의 사가미만(相模灣)에 위치하는 관광명소의 아름다운 작은 섬(특히 수족관이 유명하다). 위치는 부도 D 참조.

2) 바다의 표층을 부유하는 광합성 미소생물이 환경변하에 자극을 받아, 이상증식으로 바다 표층의 변색되는 현상을 나타낸다.

어가려 하지 않고 주변만을 서성이는 것을 보고 놀랐고 한편으로는 매우 서글픈 마음을 멈출 수가 없었다. 옛날의 그 풍요로운 바다를 지탱해주었던 광활한 해조장(잘피밭) 및 높은 생산을 지탱하던 아름다운 해역은 소멸하였고, 여름에는 해저부근이 빈산소 상태가 되어 생물이 살 수 없는 바다의 사막이 확대되고 있다.

## 1. 미카와만의 환경은 왜 나빠졌는가?

이세(伊勢)・미카와만(三河灣)의 해양환경의 악화 추이를 그림 13에 나타내었다. 이 그림은 환경부가 COD[3)]를 기준으로 일본의 각 연안 및 내만에 대해여 환경기준의 달성율에 대한 장기간의 변화양상을 정리한 것이다. COD는 화학적 산소요구량이라고 불리며, 해양이나 호수의 물에 포함된 유기오염물질의 정도를 나타낸다. 그래서 장소마다 허용되는 COD의 상한값을 지정하여 환경기준에서 상한값을 만족하는 지점이 대상해역의 총 지점 수에 얼마만큼 해당하는가를 비율로 나타낸 것이 그림 13에 표시된 환경기준의 달성도이다. 이세・미카와만의 달성율은 일본의 주요 내만에서 가장 하위를 계속 유지하고 있으며, 최근에는 더 악화되어 다른 해역과는 달리 50%를 밑도는 값으로 더욱 하락하는 경향을 보인다. 이는 육상에서 유입되

3) 화학적 산소요구량(chemical oxygen demand, COD)을 나타내는 용어로, 앞에서 설명한 BOD와 동일한 성격을 나타내는 용어이며, 자세한 것은 장 끝의 Supplementary Box 참조.

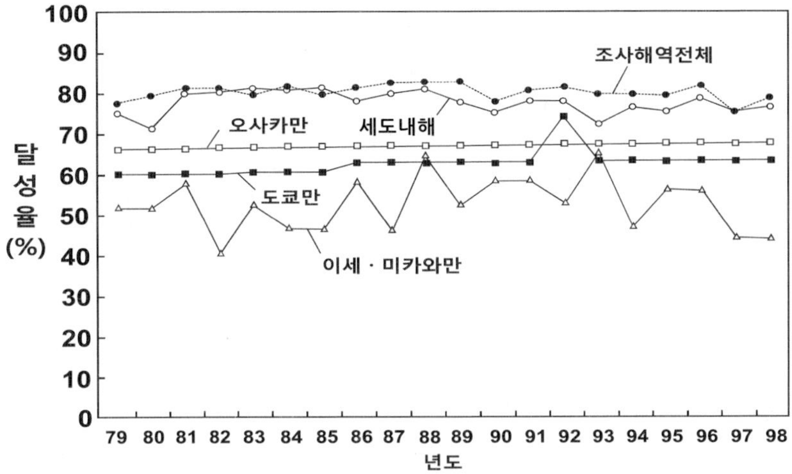


**그림 13.** 일본의 주요 내만에서 COD 환경기준 달성율의 장기적 추이 (환경부, 2000)

는 각종 오염부하량의 유입을 삭감하여 보다 쾌적한 해양환경을 만들려는 노력은 다른 해역과 동일하게 하고 있음에도 불구하고 미카와만(三河灣)은 왜 그 효과가 나타나지 않고, 그림 13과 같이 더욱 악화되고 있는 것일까?

자연조건에서 미카와만(三河灣)은 지형적으로 폐쇄성이 강하여, 근본적으로 오염에 약한 해역이라 할 수 있다. 아츠미(渥美)반도와 치타(知多)반도에 의해 둘러싸인 미카와만의 만 입구는 서쪽을 향하고 있어(그림 14 참조), 도쿄만(東京灣) 등과 같이 직접 외해로 연결되지 않고, 이세만(伊勢灣)을 중간에 두고 외해와 연결된다. 이와 같은 입지조건은 외해와의 해수교환은 좋지 않고, 만외와의 해수교환에서 외해의 깨끗한 물이 아닌, 이세만의 오염된 물과 교환되는 결과를 가져온다. 또 만내의 물을 밖으로 밀어내는 동풍도 적어 바람에 의

**그림 14.** 도요강(豊川)수계와 도요강 용수(굵은 점선) 및 오시마(大島)댐과 시타라(設樂)댐 예정지

한 효과 역시 그다지 기대할 수 없다.

한편 미카와만(三河灣)에 극심한 수질오염을 가져다준 인위적 원인으로 최대의 것은 미카와만의 연안부에 실시된 대규모의 매립이며, 이것에 도요강(豊川)의 대량 채수가 추가된 것으로 판단된다. 고도경제 성장기에 미카와만 천해역의 매립이 매우 정열적으로 추진되어, 연안부에 발달하였던 막대한 면적의 갯벌, 천해역이 모두 소멸되었다. 미카와만은 아치현(愛知縣) 기업청에서만 1966년까지 33만

km$^2$의 천해역이 매립되었다. 지금 해양환경의 악화가 커다란 문제가 되고 있는 아리아케만(有明海)에서도 이사하야만(諫早灣) 간척사업으로 잃어버린 천해역 면적이 35만km$^2$로서 (제 7장 참조) 미카와만의 매립면적이 거의 이에 필적하는 면적이다. 그러나 만의 총면적으로 보면 미카와만이 아리아케만의 약 1/3에 지나지 않는 해수면을 나타내기에, 해수면의 단위면적으로 비교하면, 해수면이 받는 매립의 악영향은 계산상으로 미카와만이 아리아케만보다 3배 정도로 훨씬 극심하다 할 수 있다.

갯벌 · 천해역 · 해조장은 바다의 풍요로운 생태계와 생물생산의 유지에 얼마나 중요하고 귀중한가? 또 이와 함께 매우 탁월한 해수 정화 능력을 가지고 있는가? 에 대한 이야기는 현재에는 많은 일반인들도 쉽게 듣는 이야기가 되었다. 갯벌 · 해조장에 서식하면서 유기물을 먹이로 하는 이매패[4]에 의한 해수 여과량은 미카와만에서 물리적 해수 교환량에 필적하는 크기라는 것이 보고되었다. 또 갯벌의 정화능력을 하수처리장으로 환산하면, 예를 들어 10km$^2$의 갯벌은 약 10만명 규모의 도시 하수처리장에 필적하는 정화능력을 가진다는 평가도 있다. 더욱이 해조 · 해초류가 번무하는 해조장은 외해의 어류를 포함하여 다양한 어류의 산란, 자치어의 성육장으로 중요한 역할을 하고 있다.

내만해역에서 이루어진 광활한 매립은 제 7장에 설명하는 메카니

---

4) 이매패류라고도 하며, 바지락, 백합, 피조개. 꼬막, 홍합 등과 같이 두 장이 커다란 껍질에 좌우대칭을 이루는 조개류를 총체적으로 가르키는 용어로 주로 갯벌 등의 펄이나 모래 속에 서식한다.

즘에 의해, 만내의 조석과 조류를 약하게 하며, 내만 해수의 정체를 초래한다. 이와 같은 환경변화는 외해와의 해수교환을 어렵게 하여 내만해역의 환경을 급속하게 악화시킨다. 이와 같은 과정으로 미카와만의 대규모 매립이 지금과 같이 만내의 심각한 수질오염을 가져오는 주원인이 되는 것으로 판단되었다. 그리고 매립에 의한 해양환경의 악화에 박차를 가해 준 것이 도요강(豊川) 용수사업에 의한 대량 취수이다.

**사진 10.** 연안매립의 대상이 되는 갯벌. 사진은 썰물시 여자만 북부에 위치하는 광활한 면적의 순천만 갯벌의 일부 모습. 갯벌 중간, 중간에 일시적으로 만들어 지는 수로와 원시적인 어구들이 보인다.

## 2. 도요강(豊川) 용수의 업적과 죄악

아치현(愛知縣) 동부의 평야부에서 아츠미(渥美)반도에서는 이전부터 관계용수의 부족으로 농경에 어려움을 겪고 있었다. 또 가마고리(蒲郡)지구는 수원이 빈약하여 생활용수와 공업용수에도 어려움을 겪고 있었다. 그래서 그림 14에 굵은 점선으로 표시한 것과 같은 장거리 용수로 망, 즉 도요강(豊川)용수가 건설되어, 도요강에서 취수한 물을 농업용수를 주로 하여 생활용수, 공업용수로도 공급하는 사업이 실시되었다. 사업이 완성된 것은 1968년이다. 이 사업의 결과, 동 지역의 농업은 눈부시게 발전하여, 용수의 기여는 매우 큰 것으로 나타났다.

그렇지만 이것에 대응이나 하듯 바다에는 이변이 발생하였다. 도요강(豊川)용수가 완성한 1968년 이후, 그 때까지 본 적이 없는 대규모 적조가 발생하였고, 지금은 아츠미만(渥美灣)에서는 연중 적조가 발생하는 오염된 바다로 변하였다. 제 3장에서 설명하였듯이 만에 유입하는 하천수는 내만에 커다란 연직순환을 발생시킨다. 이 순환에 관여하는 유량은 미카와만(三河灣) 전체에서 겨울은 하천유량의 20배 이상, 여름에도 10배 이상이 된다(표 2 참조). 여름이 겨울보다 비율이 적은 것은 여름에 밀도성층이 강하여 저층의 해수를 표층으로 끌어 올리는 연행작용이 억제되기 때문이라 판단된다. 단 연직순환의 유량 그 자체는 여름의 하천유량이 겨울보다 매우 크기에 두 계절에 같은 정도의 크기가 된다. 따라서 취수에 의해 하천유량이 감소하면 만내의 연직순환 유량은 그것에 대응하여 적게 되고, 해수의 교환도 약해져서 오염이 급속히 진행되는 것으로 추정된다.

市野和夫씨 등은 도요강(豊川)이 유입되는 아츠미만(渥美灣)을 주목하여, 도요강 용수사업 전후의 아츠미만의 해수교환 속도가 어느 정도 변화하였는지를 계산하였다. 이 사업으로 인한 도요강의 취수율은 계획에 의하면 25%라고 한다. 계산에 의하면 25% 하천 유량의 감소에 대응하는 아츠미만의 해수교환 속도는 평년으로 20%, 비가 적은 해에 비하면 30% 정도가 감소한다는 결과를 얻었다. 이 때문에 만내수의 정체시간은 도요강에서 취수가 없을 때와 비교하면 극단적으로 길어졌다. 이 같이 해수교환 능력의 감소가 미카와만(三河灣) 내부에서 특히 오염에 약한 아츠미만에 대하여, 매립에 의한 정화능력의 감소와 합해져 바다의 환경악화에 박차를 가하게 된다.

지금 아츠미만(渥美灣)에는 매년 니가시오(苦潮, 靑潮라고 하는 경우도 있다)가 발생한다. 도쿄만(東京灣) 등에서 발생하는 청조는 부영양화에 의한 오염 때문에 저층에 발생한 빈산소 수괴[5]가 주로 외해를 향해 부는 바람의 작용에 의해 해안 가까운 표층으로 상승하여 전층에 걸쳐 어패류를 폐사시키는 현상을 말한다. 그러나 미카와만의 니가시오(苦潮)는 환경악화에 의해 직접 얕은 원래 수역에 빈산소 수괴가 형성된다. 그래서 광합성 세균의 활동이 번성하여, 세균에 의한 홍색이 추가되기에 전형적인 청조의 색을 나타내지는 않는다. 막대한 피해를 동반하는 이와 같은 심각한 니가시오는 도요강의 수량이

5) 해역에서 빈산소 수괴가 발생하는 이유 및 과정에 대해서는 장 끝의 Supplementary Box 참조.

적은 해에 발생하기 쉽다.

## 3. 최악의 미카와만을 만든 시타라 댐과 오시마 댐

도요강(豊川)은 오랜 기간 환경기준 달성율이 일본에서 최악이라는 불명예적 지위를 계속 유지하였던 미카와만(三河灣)에 유입되지만, 놀라운 일은 최근에 이와 같은 도요강 수계에 대량의 취수를 함께하는 새로운 사업이 시작되어, 일부는 실시되었고, 일부는 계획되고 있다. 전자의 사업은 수자원개발공단에 의한 이수(利水) 목적의 오시마(大島)댐 건설로서 건설이 종료되어 이미 이수 적용이 시작되었다. 후자 사업은 국토교통성이 계획 조사하고 있는 시타라(設樂)댐의 건설이다. 이것은 치수와 이수를 목적으로 한 다목적 댐으로 오시마(大島)댐보다 훨씬 대규모이다. 환경을 파괴하는 댐은 필요 없다는 지역민의 반대가 계속되고 있다. 또 물이용이나 재해 대책에는 댐을 필요로 하지 않는다는 구체적인 대안을 주민들이 제안하였다. 그렇지만 건설당국은 이에 귀를 기울이지 않고 시타라(設樂)댐의 건설을 강행할 태세이다. 그래서 최근 2003년 11월에 환경영향평가의 전단계로서 "도요강 수계 시타라(設樂)댐 건설사업 환경영향평가 방법서"를 공개하여 일반인이나 지방 공공단체 등의 의견을 듣는 절차를 시작하였다.

일반인에게는 아직 잘 알려져 있지 않지만, 이 사업이 해역에 미치는 중대한 영향에 대하여 주의를 환기시키고자 한다. 이들 계획에 의하면 도요강(豊川)의 유량은 도요강 용수사업 이전의 본래의 하천 유량을 기준으로 하면, 평균 40% 정도가 감소되는 것으로 되어 있다. 이에 대응하여 아츠미만의 평균 해수교환 시간은 취수가 없을 때와 비교하여 60% 이상 길게 되는 것으로 계산되었다. 그러면 해수교환 능력은 극단적으로 저하되고 만의 오염현상은 더욱 심각하게 되는 것은 필연적인 것이 된다. 구체적인 값에 대해서는 앞으로 상세한 검토가 필요하지만, 해수교환이 극단적으로 쇠퇴하는 것은 분명하다. 더욱이 나중에 설명하는 (제 9장과 제 10장) 결과에 따르면, 댐이 생산하는 오염부하가 새롭게 미카와만에 추가되는 것도 고려하지 않으면 안된다. 게다가 이와 같은 사업은 지금까지 살펴본 것과 같이 필연적으로 해양환경에 막대한 영향을 미칠 수밖에 없다.

이 사업에 관계되는 중앙정부, 지방정부 및 사업소 등이 오염부하 삭감에 끊임없는 노력이 거의 의미가 없는 일로서 어쩌면 아츠미만(渥美灣)의 정화는 불가능한 것이 아닌가 하는 염려가 앞선다. 현재 수질정화에 대한 노력을 하고 있음에도 불구하고 그림 13에 나타낸 것처럼 해역의 환경기준 달성율이 최하위에 있고, 최근에는 더욱 낮아지는 경향까지 보이는 것을 고려하면, 해역의 오염을 가속시킬 수 있는 사업은 바다, 강, 육지 그 어느 곳에서도 절대로 허용되어서는 안된다. 따라서 시타라(設樂) 댐이나 오시마(大島) 댐에 대하여 치수나 이수에의 필요성이나 유역의 환경영향 측면에서 많은 주민들이 강한 의문을 제기하고 있다. 또한 지금 설명한 최악의 상황에 있는 해양환경을 더욱 악화시킬 것을 고려하면, 본 사업을 강행하려는 당국의 입장은 도저히 납득할 수가 없다.

**사진 11.** 내만의 아름다운 모습. 겉으로 보기에는 아름답고 고요하지만, 해저퇴적층은 육상에서 유입된 다양한 산업폐수, 생활하수 등으로 극도의 유기오염으로 부영양화가 진행되어 있다. 사진은 여수시에 위치하는 가막만 내만 전경으로 사징의 오른쪽에 위치하는 내만해역은 도시하수의 영향으로 극도의 부영양화와 그에 따른 해저 무산소층의 형성되어, 무산소층을 해소하기 위해 대규모의 준설공사가 이루어졌다.

## 4. 댐이 바다에 미치는 영향에 대한 하천당국의 대응

이상과 같이 댐 건설이 해역에 미치는 영향에 대하여 강한 염려와 두려움까지 느끼게 하지만, 위의 "도요강(豊川)수계 시타라(設樂)댐 건설사업 환경영향평가 방법서"에서는 놀랍게도 시타라(設樂)댐 건설이 해역에 미치는 영향에 대한 조사항목은 하나도 없다. 즉 이 댐 건설은 해역에 영향을 주는 것이 없기 때문에 바다 환경에 대해 조사하여 영향평가를 할 필요성이 없다고 하는 생각의 표현이라 할 수 있다. 또 이 생각은 본 사업이 환경에 미치는 영향을 검토하기 위해 설치된 "환경영향평가 기술검토 위원회"에 해안지형이나 해수유동, 해양 수질, 해양 생태계 등에 관계되는 전문가 위촉이 필요 없음을 반영하고 있는 것도 된다.

이전 (구)중부지방 건설국은 제 14회 "도요강(豊川)의 앞날을 생각하는 유역위원회"에 "미카와만(三河灣)의 관계에 대하여"라고 하는 자료를 제출하였다. 이것은 미카와만을 대상으로 제 3장에 설명한 하천수 유출에 동반하는 해역의 연직순환 유량을 수치 시뮬레이션으로 구한 것이다. 이에 따르면 현재 생각하는 정도의 취수로는 해역의 연직순환에 미치는 영향이 매우 적고, 무시 가능할 정도라는 결과가 도출되어 있다. 이 자료에서 상세한 계산조건은 알 수가 없지만, 계산범위는 미카와만에 한정되었고, 도요강(豊川)의 흐름이 변하여도 미카와만 입구에서 경계치는 변화가 없는 것으로 가정하는 것 같다. 그러나 도요강의 유량이 변화하면, 미카와만 입구의 상황도 영향을 받을 것이기에 협소한 계산영역에 의한 본 계산조건이 바르다고 할 수만은 없다. 또 계산에서 구한 연직순환 유량과 하천유량의 비는 표 2에 나타낸 미카와만이나 기타의 만의 관측 자료에서 얻어진 값과 비교하면 매우 크게 되어서, 계산 결과의 신뢰성이 의심된다. 따라서 이와 같은 조잡한 시뮬레이션 결과를 기본으로 하여 댐의 취수에 따른 영향을 파악하고, 실제의 현장 해양에서 영향정도에 대입하고자 하는 것은 도저히 불가능 할 것이다.

| Supplementary Box |

## 유기물, 화학적 산소요구량 및 유기오염

인간생활이 산업화의 진행에 따라 윤택해지는 것과 반대로, 지구환경은 그 부산물인 생활하수 및 산업배수에 의해 몸살을 앓고 있다. 생활하수 및 산업폐수에는 높은 농도의 유기물(有機物, organic matter)이 포함되어, 결국은 지형적으로 육상보다 낮은 연안해역으로 유입하게 된다. 특히 우리나라와 같이 인구 밀도가 높고 산업화가 빠른 속도로 진행되는 연안해역으로 유입되는 유기물의 양은 급격히 증가한다.

여기에서 유기물은 광합성 활동 결과 생성된 에너지가 포함되는 물질로서 분해 및 산화에 의해 에너지 방출이 가능한 생물기원의 물질을 나타낸다. 따라서 해양으로 유입된 유기물은 해수 중에서 생화학적으로 산화, 분해되면서 해수 중의 산소를 소모한다. 이와 같이 유기물을 분해하면서 종속세균에 의해 소모되는 산소의 양을 생물학적 산소요구량(生物學的 酸素要求量, Biochemical Oxygen Demand, BOD)이라 한다. 생물학적 산소요구량은 미소한 생물에 의해 소비되는 산소소모량이기에 객관적인 분석값을 얻기 위해서는 국제적으로 최소 5일간의 항온시설에 의한 배양을 요구하고 있다. 그래서 많은 양의 시료를 한정된 시간에 분석하기 위해서는 넓은 공간 및 긴 시간에 높은 경제적 비용이 필요하게 된다. 따라서 이와 같은 단점을 보완하기 위해 바다에서는 유기물을 분해할 수 있는 화학적 산화제를 시료의 유기물에 결합시켜, 사용된 시약의 소모량에 의해 해수 중의 유기물량을 산출하는 방법이 사용되는데, 이를 화학적 산소요구량(化學的 酸素要求量, Chemical Oxygen Demand, COD)이라 하고 있다. BOD나 COD 모두 유기물량의 정도를 평가하는 지표로 이용된다. 즉 BOD나 COD가 높으면 세균에 의해 분해 가능한 물질, 다른 말로 표현되면 썩을 수 있는 물질이 많아 더러운 바다를, 낮으면 깨끗한 바다를 나타낸다고 할 수 있다.

연안이나 내만해역에 극단적으로 유기물이 많게 되면, 세균에 의한 산소소모가 많아져, 해저부근에서부터 해수 중의 산소 농도가 극단적으로 낮아져, 해역에 서식하는 해양생물에 피해를 주게 된다. 이와 같은 현상을 유기오염(有機汚染, organic pollution)이라 한다. 특히 이와 같은 해역에서는 유기물의 분해, 산화되어 재차 해수 중에 광합성 생물이 이용할 수 있는 암모니아염, 질산염, 인산염 등의 무기물이 재생된다. 이에 따라 해수교환이 나쁜 반폐쇄적인 연안이나내만해역에서는 생산된 무기영양염류는 재차 식물플랑크톤에 흡수된다. 무기 영양염의 흡수에 의해 성장한 식물플랑크톤은 입자상 유기물로서 해저에 침강하면서 분해되어, 해역의 유기물 축적을 더욱 가속시킨다. 이와 같이 해역 자체의 순환 과정에서 유기물 농도를 가중시키는 현상을 2차 유기오염이라 한다. 이처럼 육상 기원 물질에 의한 유기오염은 해양에서 또 다른 유기오염을 유발시키게 되며, 이러한 과정의 반복되면서 연안해역은 결국 생물이 서식할 수 없는 혐기성 환경으로 변하게 된다.

특히 폐쇄적 내만에서는 해저 유기물 집적에 의해, 비교적 높은 수온을 나타내는 봄에서 초가을까지에는 해저부근에서 미생물인 세균활동에 의해 많은 산소가 소모되어 해저 환경에는 무산소층이 형성 된다. 해저 환경이 산소가 없는 혐기성 환경으로 변하면, 해수의 주요 구성물질인 황산이온에 결합된 산소를 이용할 수 있는 세균(황산이온을 환원시키기에 황(산)환원세균이라고 함)이 활동으로 해양생물에 치명적 영향을 미치는 황화수소($H_2S$)를 부산물로서 발생시킨다. 그 과정은 다음 식으로 설명된다.

$$(CH_2O)_n + SO_4^{2-} \rightarrow H_2S + HCO_3^-$$

황하 수소가 발생하면 해저 퇴적물 표층은 환원환경으로 바뀌어 해양생물이 서식할 수 없는 무생물 환경으로 변화하게 된다.

# 제6장

# 하구둑이 강과 바다에 미치는 영향

**앞쪽 사진**

하구둑은 하천에서 바다로 유입되는 토사와 영양염 공급의 차단은 물론, 하구역에서 담수 유입에 의해 만들어지던 하구순환을 정지시켜, 물질의 외해유출 역시 방해한다. 그로 인하여 하구둑은 둑내의 인공 담수호는 물론 바다쪽의 하구해역에도 극심한 유기오염을 발생시킨다. 사진은 우리나라에서 하구 둑에 의한 오염현상의 대명사로 불리우는 영상강 하구둑 방조제.
목포 인근은 과거 우리나라 연안해역에서 유속이 빠르기로 유명한 곳이였다. 그러나 영산강 하구둑과 인근의 삼호방조제, 금호방조제가 형성되면서 지금은 흐름이 멈추어 여름에는 해저에 무산소수층이 형성되는 폐쇄해역으로 변화되어 있다.

하천바닥의 구배가 완만한 하천 하류역은 내려오는 하천수와 바다에서 올라오는 해수나 조석, 고조, 기타의 해양기원 파동이 서로 만나, 복잡하고 흥미 로운 자연현상을 발생시킨다. 강과 바다가 접촉하는 하천 하류역을 하천 감조역(河川感潮域) 또는 단순히 감조역(感潮域)이라고 한다. 또 담수와 해수가 혼합되고 있는 것에 주목하여 기수역이라고도 한다. 이 하천 감조역에서 흥미로운 자연현상에 대해서는 본서의 말미에 소개하는 西條八束과 奧田節夫가 편집한 「하천 감조역 - 그의 자연과 변모」에 자세하게 기술되어 있다.

## 1. 강과 바다의 연결을 단절하는 하구둑

하천 감조역에는 강과 바다의 연결을 단절하는 하구 시설이 오랜 기간에 걸쳐 많이 설치되었다. 대략적으로는 주로 염분이 올라오는 것을 막기 위한 목적으로 한 것은 방조제, 또 제방으로 차단된 상류쪽에 저장된 담수의 이용을 목적으로 한 것을 하구둑이라 한다. 이외에도 쓰나미, 고조(高潮) 등에 대한 방재용의 수문 등도 있다. 또 나가라강(長良川)의 하구둑은 취수와 홍수 대책을 병행하고 있다. 경제성장의 길을 급격하게 진행시켜 온 우리나라에서는 대규모의 하구둑이 근년 많이 건설되었다. 하구둑 건설의 근거에는 상류에서 필요한 물을 취수하고, 하구역까지 흘러온 여유의 물은 바다로 흘러들게 되어, 이미 사용제한이 없어지게 되어 얼마든지 물을 취수하더라도 좋다는 논리가 존재하고 있다고 생각된다. 그러나 전장에서 설명

했듯이 바다에 있어 하천에서 흘러온 물의 중요성을 생각하면, 이와 같은 논리가 성립되지 않는다.

대규모의 하구둑 건설 이후에 주변의 환경이 나빠지고, 유기오염 퇴적물이 증가하여, 해양생물이 감소한다는 이야기를 자주 듣게 된다. 그뿐만 아니라 건설 이후에는 하천당국은 영향이 적다고 했는데, 건설 이후에 어업 자체가 불가능하게 되었다고 호소하는 어민들도 많다. 그러나 특이한 감조역의 자연환경 속에 설치된 하구둑은 종래의 하천 상류나 중류에 건설된 둑이나 댐보다도 극심하게 또 다른 영향을 감조역이나 해역 환경, 그리고 어업활동에 미치게 된다. 현재 하구둑에 관련한 여러 가지 문제는 연구가 늦어진 것도 하나의 원인이지만, 무엇보다도 하천당국이 하구둑과 해양 환경에 대한 인식이 부족한 것이 근본적인 이유이다. 그래서 본 장에서는 나가라강(長良川) 하구둑을 예로 하여 하구둑이 감조역의 환경에 미치는 영향에 대해 살펴본다. 나가라강의 둑 전경 사진을 그림 15에 나타내었다. 이 둑은 기소(木曾) 3천수의 하나인 나가라강의 하구에서 5.4km 상류 쪽에 건설되어, 1995년부터 가동되었다. 둑의 폭은 661m, 가동 부분은 555m가 된다.

하구둑의 특징은 평상시는 물이 둑에서 서서히 유출되지만, 상류의 물은 정체하여 넓은 담수 저수지 또는 둑 호라고 할 수 있는 대형호가 형성된다. 또한 하류의 바다 쪽은 하구둑이 없으면 있어야만 하는 바다에서 올라오는 해수와 조석의 강한 유동현상이 둑에 의해 차단되고 있는 것이다.

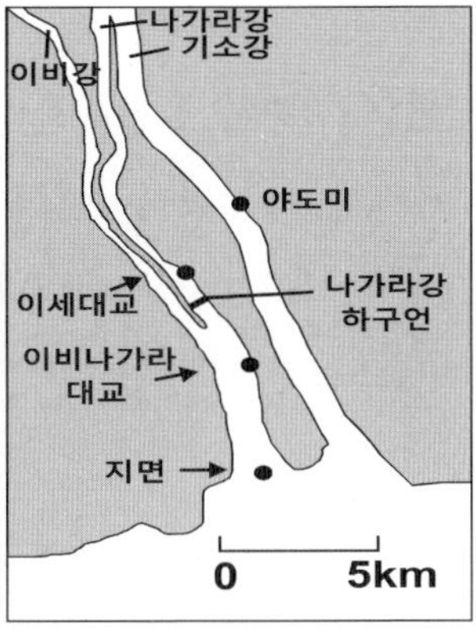


**그림 15.** 나가라강(長良川) 하구둑 전경. 중앙의 하얀 거품을 내는 것이 나가라강 하구언 . 그 밑은 하류, 상류에는 이세(伊勢)대교, 왼쪽의 평행한 강은 이비강(揖斐川) (사진: 마이니치신문사 제공)

## 2. 끊임없는 자료의 축적이 있어야만

하구둑에 의한 바다 환경의 악화 및 실태와 이유가 밝혀진 것은 오래된 일이 아니며, 나가라강(長良川) 하구둑 건설 이후인 최근의 일이다. 이유를 규명 하는 것은 꾸준히 관측 자료를 축적하여 연구를 진행하는 것이 필수 조건으로, 이를 위해서는 오랜 시간이 필요하다. 다음에 지금까지 연구자들이 수고에 수고를 거듭하여 얻은 관측 자료는 매우 귀중하다. 이와 같은 관측 자료에 추가하여 (구) 건설성 중부지방 건설국과 수자원개발공단 중부지부가 시대의 요청이 있다고는 하지만, 정보공개법에 앞서 몇 개의 지점에서 연속 관측 조사한 기록 자료를 일반에게 공개한 것은 높이 평가한다. 자연현상에 관여하는 정보는 때가 지나면 영구히 사라져 두 번 다시 얻을 수 없다는 것을 생각하면 세금으로 얻어진 기록은 후세에 남겨야만 하는 국민의 귀중한 공동재산이라 할 수 있다(매일의 기상자료의 유용성을 생각하기 바란다). 정보공개의 시대이기도 하고 각 공공사업체가 반드시 깊게 생각하고 실천하였다.

## 3. 하구둑의 상류도 하류도 저층의 산소는 확실히 감소하였다

다음에는 주로 하천당국의 공개 자료를 기초로 하여 실시한 해석 결과와 지금까지 연구 성과를 정리한 村上哲生씨 등의 "하구언(河口堰)"(문말에 소개)을 참고하여 하구둑이 바다 환경에 미치는 영향을 살펴 보자.

처음 하천당국이 공개한 관측 자료를 해석하여 하구둑 건설이 하구둑 상류와 하류의 양쪽에 빈산소화를 촉진 하고 있는 것을 명확하게 보여주는 사실을 그림 16에 나타내었다. 수역의 빈산소는 성층이 강하여 물이 정체한 저층에서 발생하기에 표층과 저층의 용존산소의 차를 계산하면 빈산소의 정도를 쉽게 알 수가 있다. 이 차가 클수록 저층의 용존산소 농도가 낮다고 할 수 있다. 그림 16은 6월에서 9월까지 고수온기를 대상으로 하구에서 5.4km에 위치하는 나가라강(長良川) 하구언의 상류(이세대교, 하구에서 거리 6.4km), 하류(이비·나가라(揖斐·長良)대교, 3.0km) 및 하구둑이 없는 기소강(木曾川)의 야도미(彌富, 하구 거리 8.7km)의 3개 지점에서 1시간마다 표층과 저층의 용존산소의 차를 구하여 그 빈도분포를 나타낸 것이다. 또 하천유량이 많을 때에는 상하로 혼합이 되어 저층의 빈산소 상태는 발생하기 어렵기에 그림 16에서는 나가라강 하천유량이 매초 100톤 미만의 경우를 대상으로 하였다. 나가라강 평수량(365일(일년) 매일 유량에서 중앙값, 즉 연간 평수량보다 많은 유량을 나타내는 일 수와 낮은 유량의 일수가 같게 된다)은 매초 80톤이다.

그림 16의 왼쪽(a)은 하구둑이 운영되기 이전인 1994년의 결과를, 오른쪽(b)은 운영 이후인 1998년의 결과를 나타내었다. 그림 16(a)의 운영 이전에 3개 지점에서 표층과 저층에서 용존산소 차의 빈도분포는 모두 유사한 경향을 나타내었다. 3개 지점 모두에서 용존산소의 상·하층의 차이가 1 mg/L 이하의 경우가 가장 많았고, 상·하층의 차가 크게 되는 빈도는 급격히 감소하는 양상을 보인다. 한편 하구둑 운영 이후인 그림 16(b)을 보면 하구둑의 영향이 없는 기소강(木曾川)의 내부에서는 당연하지만, 그림 16(a)인 운영 이전의 분포 양상을 나타내는 경우와 변함이 없는 빈도분포를 보이나, 나가라강(長良川)의 두 개 지점인 하구둑의 상류와 하류 모두에서 분포 경향이 운영 이전과는 크게 변하였다. 즉 전체적으로 상·하층의 차가 큰 빈도수가 증가하여, 빈도수의 최대 피크의 위치도 빈도수가 큰 쪽으로 이동하였다. 또 빈도의 피크는 하구둑 하류가 상류보다도 값이 큰 곳에 나타났다. 이와 같은 결과로부터 하구둑 건설 이후에 하구둑을 끼고 있는 나가라강의 상류와 하류 전역에 저층의 산소가 전체적으로 감소하여 빈산소 상태가 출현하기 쉬운 조건으로 변화하고 있음을 나타내었다.

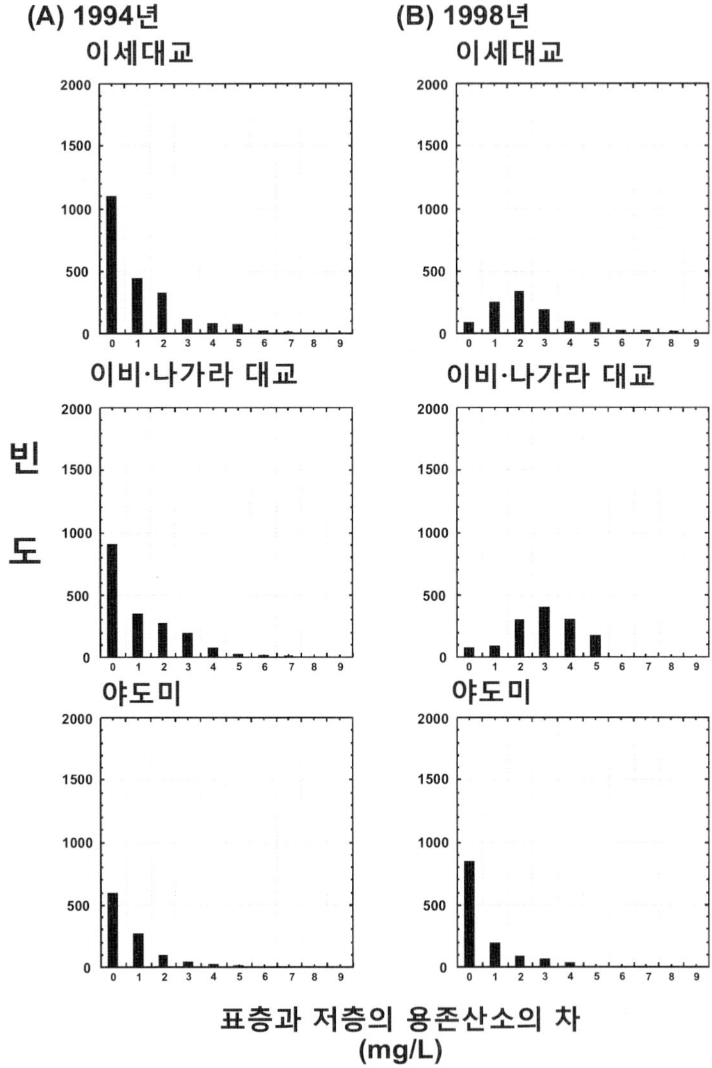


**그림 16.** 기소(木曾) 삼천 3지점에서 6~9월까지 1시간마다의 표층과 저층에서 용존산소 차의 빈도분포. (a)는 하구둑 운영전인 1994년, (b)는 운영후인 1998년, 하구둑에 대하여 이세대교는 상류, 이비・나가라(揖斐・長良)대교는 하류, 야도미(彌富)는 기소강(木曾川), 지점은 그림 15 참조, 나가라강 하천유량이 매초 100톤 미만 일 때. (宇野木, 金ケ江, 2003)

**사진 12.** 2010년 완공된 새만금 방조제 및 수문에 의한 제방내부의 해수 방출. 방조제에 의해 차단된 인공호는 물의 정체에 의해 쉽게 부영양화 될 가능성이 매우 높다. 인위적 조절은 자연의 치유능력에 비하면 비교할 수 있는 대상이 되지 못한다.

## 4. 하구둑은 강을 호수로 변화시켜 환경을 악화시켰다

지금까지 일본의 하천에 출현하는 조류[1]는 모래나 자갈 등에 부착조류가 떨어진 것이나, 호수나 저수지 기원의 것이 흘러 들어온 것으로서, 대륙의 완만한 흐름을 보이는 하천에 서식하는 하천 서식성 식물플랑크톤은 일본의 하천에서는 발생하지 않는 것으로 생각하고 있었다. 그렇지만 이 상식은 村上哲生씨 등에 의한 여름의 나

1) 조류(藻類, algae)는 수계에서 광합성을 할 수 있는 식물체를 총칭한다. 크기에 따라 대형조류(macroalgae) 및 미세조류(microalgae)로 구분하며, 미세조류는 대부분 식물플랑크톤을 나타낸다.

가라강 관측에서 깨졌다. 이와 같은 결과는 여름에 하천유량이 적을 때, 하천수의 흐름이 느려져 식물플랑크톤의 발생에 필요한 시간보다 하천수의 유하기간이 길어지기 때문으로 설명할 수 있다.

이와 같은 하천수의 정체경향은 하구둑이 건설되면서 보다 심하게 나타났다. 예로서 나가라강(長良川)에서 유량이 매초 $80m^3$(평수시) 때, 하천수가 하류의 30km의 거리를 유하하는데 소요되는 시간이 하구둑이 없으면 1.9일이지만, 하구둑이 건설되면서 5.1일로 2.5배 이상 길어졌다. 더욱이 유량이 매초 $30m^3$(갈수기)로 작아지면 13.4일로 더욱 길어지게 되어, 식물플랑크톤의 증식[2]하는데 필요한 충분한 시간을 얻을 수 있다. 그리고 이와 같은 조건에 추가하여 기후(岐阜) 등의 도시를 지나서 온 하천수에는 인이나 질소 등 영양분을 대량으로 포함하고 있어, 식물플랑크톤이 대량으로 발생하는 것이 가능하였다. 이 후 같은 현상은 다른 하구둑에서도 나타나는 것이 확인되었다.

그림 17은 나가라강(長良川)의 두 개 지점에서 식물플랑크톤에 포함된 클로로필 *a*[3]의 경년변화를 나타낸 것이다. 클로로필 *a*는 식물이 광합성을 할 때에 사용되는 색소를 말하며, 식물플랑크톤의 생물량을 나타낸다. 그림 17의 위의 그림을 보면 하구둑의 상류 15km

---

2) 식물플랑크톤은 단세포 생물이기에 평상시에는 세포분열에 의해 무성생식을 한다. 분열속도는 평균하여 3일에 한번 정도로 분열한다. 즉 세대시간이 3일이 된다.

3) 엽록소라고도 하며, 식물체가 광합성을 실시할 때 사용하는 주색소로서 모든 생물체가 공통적으로 가지는 색소이기에, 이를 측정하여 식물플랑크톤의 생물량으로 대신하고 있다. 엽록소에는 *a* 이외에도 *b*와 *c*를 가지며, 기타 광합성에는 카로틴 등과 같이 다양한 보조색소를 이용한다.

지점에서 하구언 완성(1995년) 이후는 완성 이전과 비교하여 식물플랑크톤 생물량이 현저하게 증가한 것을 명확하게 알 수 있다. 하구둑의 바로 상류지점에서는 그림 17의 밑에 그림에 나타낸 것과 같이 하구둑 완성 이전은 계절적인 식물플랑크톤의 커다란 증식, 이른바 계절적 대발생이 출현하던 것이 완성 이후에는 계절적 대발생 이외에 식물플랑크톤 대발생의 횟수가 증가하는 것을 이해할 수 있다. 클로로필의 존재량은 1L의 물에 100만분에 1g (μg/L)의 단위[4]로서 피크가 40~100 정도의 극단적으로 큰 값을 나타낸다. 호수의 오염이 보이던 1970년대의 가수미가우라(霞ヶ浦)의 피크 값이 20~40이었고, 더욱 일본에서 오염된 호수의 대명사로 불리는 수와호(諏訪湖) 의 최대값이 160 정도인 것을 고려하면 나가라강 하구둑에서 관찰되는 식물플랑

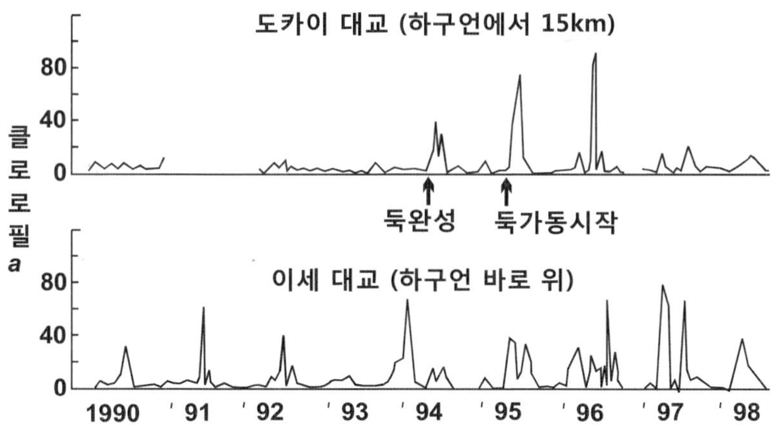


**그림 17.** 나가라강(長良川) 하구둑 건설에 동반한 식물플랑크톤 발생 양상의 변화 (1990~1998). 세로의 단위는 μg/L. (村上・西條・奥田, 2000)

---

4) 일반적으로 100만분의 1은 ppm(part per million)으로도 표시하고, mg/L, 또는 mg/kg으로 표시한다.

크톤 생물량[5])이 어느 정도 심한 것인가를 상상할 수 있을 것이다.

이와 같은 식물플랑크톤의 대발생[6])에는 고수온기에 표층이 따뜻해지면서 밀도성층을 형성하는 것이 크게 관여 한다. 밀도성층이란 이미 설명한 것처럼 밀도가 낮은 물은 위에, 밀도가 높은 물이 밑에 존재하여 안정된 물의 연직구조를 나타내는 것을 말한다. 성층이 강화되면서 물이 정체되면 상・하층의 혼합은 억제된다. 게다가 하구둑 상류에 정체되어 따뜻해진 표층수에는 풍부한 빛과 영양염을 흡수하여 식물플랑크톤이 왕성한 광합성을 할 수 있기에, 대량으로 식물플랑크톤이 발생하게 된다. 식물플랑크톤 대발생 이후의 죽은 사체는 강 상류에서 흘러온 낙엽 등과 같이 호수저층에 침전하여 미생물에 의해 분해되면서 다량의 산소가 소비된다. 또한 밀도성층으로 상・하층의 혼합이 약하기에 표층에서 저층으로 산소공급은 억제되어, 저층은 산소부족 상태가 된다. 이것이 그림 16의 위에 나타낸 이세(伊勢)대교에서 보이는 저층 빈산소화의 이유이다. 이 빈산소로 인하여 저층에 침전된 유기물은 분해되지 않은 채로 유기물이 풍부한 실트나 점토[7])라는 극히 미세한 물질, 즉 검은 색의 펄 상태 물질인 헤도로(유기 오염퇴적층)가 되어 호수 밑에 퇴적하게 된다[8]).

---

5) 클로로필 *a*, 엽록소 *a* 등과 같은 의미로 사용되고 있다.

6) 적조와 동일한 용어로 사용되고 있다.

7) 저층의 퇴적층을 구성하는 물질의 크기에 따른 구분에서 사용되는 용어로 모래보다 입자 크기가 작고, 주로 호수나 바다에서 펄을 구성하는 입자의 크기를 말한다. 즉 펄은 실트와 점토를 합한 입자의 모임을 말한다..

8) 실제는 앞에서 주로서 설명한 혐기상태의 유기물 분해과정 등 복잡한 과정을 거치게 되지만, 전후 이해를 쉽게 하기위해 이와 같은 설명으로 대신하고 있다.

저질의 유기물 함량은 이것을 건조하여 높은 열을 가하면 타서 없어지는 양으로 표현된다. 이것을 강열감량이라 부른다. 하구둑 주변에 생성된 저층 퇴적물 중의 유기물 함량의 분포 양상을 나가라강(長良川) 하구둑과 함께 다른 하구둑의 예를 포함하여 그림 18에 나타내었다.

그림에 의하면 하구둑에 가까울수록 유기물 함량이 높아져서 환경이 악화되어 있음을 쉽게 알 수 있다. 이것과 같은 상황은 폐쇄적이면서 부영양화가 진행된 호수에서 쉽게 관찰되며, 하구둑에 의해 강은 이른바 호수로 변화되었다고 할 수 있을 것이다. 단 호수와 다른 것은 하천유량이 많아지면 밀도성층은 소멸되고, 식물플랑크톤의 증식도 멈춘다. 그렇지만 호수 밑에 집적된 유기물이 풍부한 미세퇴적물은 일반적인 홍수 등에 의해서도 흘러내리지 않고, 하구둑 밑에 존재하게 된다. 이와 같은 이유에 대해서는 다음 절에서 설명한다. 게다가 최근 하구둑 부근의 호수 저층에서는 거품이 되어 상승

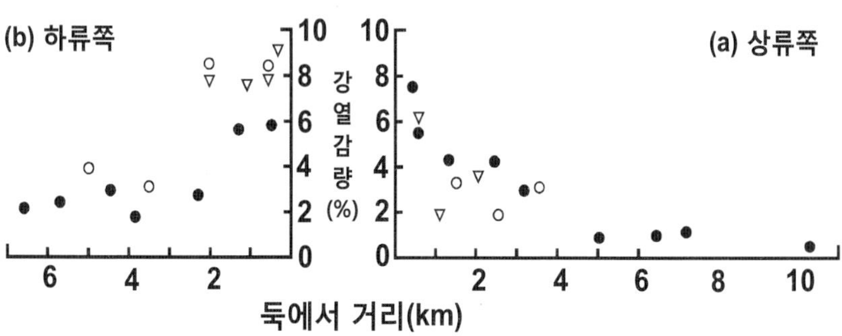


**그림 18.** 나가라강(長良川)의 상류쪽(a)과 하류쪽(b)에서 퇴적물의 유기물 함량(강열감량)의 분포. ●는 長良川, ○는 利根川, ▽는 今切川 (村上・西條・奥田, 2000)

하는 메탄가스 발생이 문제가 되고 있지만, 이것 역시 호수 저층에서의 환경악화를 극명하게 보여주는 사례라고 할 수 있다. 메탄은 산소 없이도 살아 갈 수 있는 세균[9]의 활동에서 수중에 유기물이 부패발효 할 때 발생하게 된다.

## 5. 특히 심한 하구둑 하류의 오염 진행

둑에 가까운 하류의 하천 저층의 표층퇴적물의 분포를 나타낸 그림 18(b)에 의하면, 여기에도 헤도로가 퇴적되고 있는 것을 알 수 있다. 초음파 탐사에 의한 면적인 조사결과[10]에 따르면 나가라강(長良川) 하구둑 주변에는 수십cm에서 1m에 가까운 두께의 헤도로 층이 넓게 퇴적되어 있다. 둑이 없는 인근의 이비강(揖斐川)은 나가라강과 평행하여 흐르고 있지만(그림 15 참조), 하구에서 같은 거리의 저층퇴적물에서 나가라강의 헤도로와 같은 퇴적층은 관찰되지 않았다. 즉 나가라강의 하구둑 하류의 헤도로 퇴적층은 하구둑에 의해 생성되고 있어, 하구둑이 만들었다고 할 수 있다.

홍수 때는 하천바닥의 퇴적물이 하류로 밀려서 흘러가게 된다. 그러나 놀랍게도 매초 500톤 유량을 기록하는 대형 홍수에서도 나가

9) 앞에서 주석으로 설명한 황산 환원균과는 성질이 다르다.

10) 일반적으로 바다 등 수계의 현장조사는 해당수역의 크기에 따라 일정간격으로 정점을 선정하여 조사를 실시하지만, 최근 전자관측기기의 발달로 정점이 아닌 측선을 설정하여 연속적인 조사에 의해 보다 구체적 자료를 획득할 수 있게 되었다. 여기에서 전자를 점적의 조사 후자를 면적인 조사로 구분한다.

라강(長良川) 하구둑 주변의 퇴적물이 모두 유출되는 것이 아니라 유기물을 풍부하게 포함하는 미세 펄 입자는 흘러가지 않고 남아있었다. 이것은 통상의 하천의 퇴적물에서는 믿을 수 없는 일이지만, 유기물을 포함한 실트나 점토의 미세입자는 퇴적 이후 시간이 경과하면 하천 바닥에서 미생물이 배출하는 물질의 활동에 의해 서로 튼튼하게 결합되고 있기 때문이라 생각되었다.

그러면 둑 하류의 헤도로 층은 어떻게 하여 만들어진 것일까? 그림 19를 보면, 하구둑에서 흘러나간 가벼운 하천수는 하류의 표층을 흘러 바다로 유출되지만, 하천수에 포함된 부유입자(현탁입자)는 물보다 비중이 크기에 느리지만 점차 밑으로 침강하게 된다. 한편 저층에는 바다에서 조류와 함께 해수가 밀려오지만 둑 때문에 상류로 진행할 수 없게 된다. 따라서 하천수에 포함되었던 부유 현탁입자는 둑 직하 부근에서 밑으로 침강하여 해수 속의 부유현탁입자가 된다. 또 조류가 약할 때는 하천수보다 무거운 해수는 밑바닥을 따라 쐐기모양으로 하천을 따라 밀려 올라오게 되어 이른바 염수 쐐기가 되지만, 그 앞부분에 부유현탁입자가 모여 둑에 가깝게 접근한 다음 염수 쐐기모양의 진행이 멈추면, 염수 쐐기에 존재하던 많은 부유현탁입자가 흐름을 멈추기에 일시에 침강하여 퇴적된다. 이와 같이 하여 결국은 둑 하류에 부유입자성 현탁물이 집중하여 퇴적하는 영역이 만들어 지게 되는 것이다.

여기에서 문제는 퇴적된 입자의 기원이지만, 현미경으로 퇴적입자를 관찰하면 많은 플랑크톤의 사체가 포함되어 있음을 알 수 있

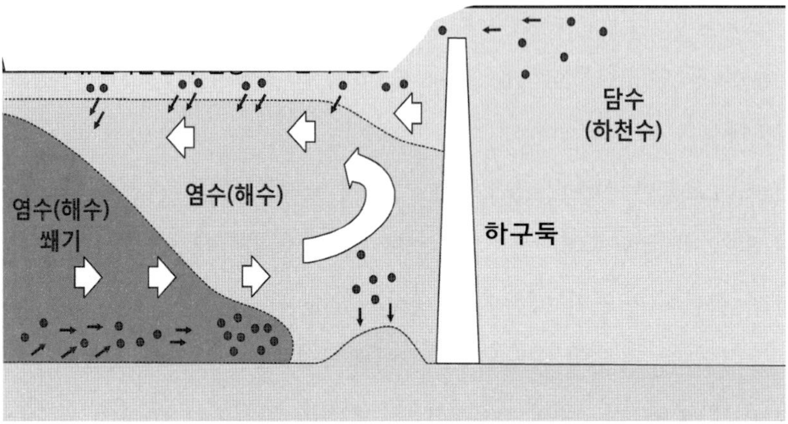


**그림 19.** 하구둑의 하류에 펄이 모이는 기구 (村上・西條・奥田, 2000)

다. 그리고 이들 플랑크톤 사체는 해수산도 아니고, 기수산도 아닌, 둑의 상류에서 발생한 하천 서식성 식물플랑크톤의 사체라는 것이다. 이와 같은 결과로부터 둑 하류의 퇴적물은 둑 상류의 퇴적물이 하천유량이 많은 시기에 하류로 유출되고, 유출된 부유현탁물은 조석의 창조류[11]에 실려 재차 둑의 방향으로 운반되어 퇴적한 것이 주체가 되고 있음을 알 수 있다.

둑보다 하류의 수질에 주목하면, 둑 건설 이후 하천유량이 그다지 많지 않은 시기에 저층의 빈산소화가 강해지는 것은 그림 16에서 분명하게 확인할 수가 있었다. 그럼 이비・나가라대교(揖斐長良大橋)에서 하천당국의 공개한 자료를 기초로 하여 용존산소의 상・하 농도차에 대해 6월에서 9월까지 변화를 그림 20의 실선으로 나타내었다.

11) 밀물 때의 조류를 나타냄. 즉 만조에서 간조사이의 썰물 때의 조석류를 낙조류, 간조에서 만조사이 즉 밀물 때에 외해에서 내만으로 들어오는 조석류를 창조류라 부른다.

그림에서 점선은 염분을 대표하는 염소이온 농도의 상·하차를 나타낸 것이다. 표층과 저층의 염소량의 차가 크게 되면 밀도성층이 강한 것을 의미한다. 한눈으로 염분차가 클수록(마이너스값이 클수록) 용존산소의 상·하 차도 크고, 빈산소화가 강해지는 것을 알 수 있다. 더 자세히 살펴보면 용존산소의 상·하 차의 최대 피크는 세로의 파선으로 나타낸 소조보다 조금 늦은 2, 3일 후에 나타나는 것이 많은 것을 알 수 있다. 또 동일 기간에 둑이 설치되지 않은 기소강(木曾川)의 야도미(彌富)와 비교하면 나가라강(長良川)의 경우에는 용존산소의 상·하 농도차 및 피크값이 크고, 더욱 상·하 차가 큰 기간이 지속되는 것을 알 수 있을 것이다.

이상의 결과에서 하구둑 하류의 저층에 발생하여 지속되는 빈산소 수괴는 하구둑 하류가 흐름이 약하고, 밀도성층이 발달할 뿐만 아니라 유기물이 풍부한 저층수가 활발한 세균활동으로 오염 퇴적물과 오랜 시간 접촉하여 발생하는 것으로 판단할 수 있다. 그러나

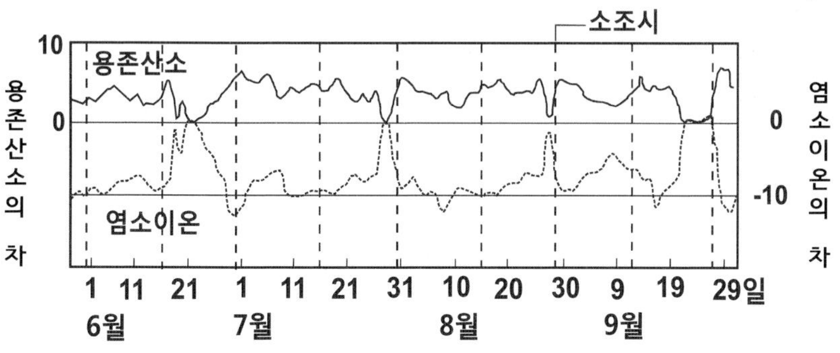


**그림 20.** 하구둑 건설 이후(1998)의 하구둑 하류(揖斐·長良大橋)에서 용존산소(실선, mg/L)와 염소이온(점선, g/L)의 표층과 저층의 농도 차이. 세로의 파선은 소조기를 나타냄. (宇野木·金ケ江, 2003)

이와 같은 하천내부의 요인만이 아니라 이세만(伊勢灣) 내만해역의 저층에 발달한 빈산소 수괴가 바람이나 조석의 작용에 의해 하천으로 밀려와서 둑 제방 하류에 출현하는 것도 관찰되고 있기에, 나가라강 하구둑 주변 수역의 환경을 고찰할 때 편협된 생각을 하지 않도록 주의가 필요하다.

## 6. 하구둑이 바다에 미치는 영향은 이해부족

다음은 강에서 바다로 나온 다음을 생각해 보자. 제 1장에서 치쿠고(筑後)의 대형 둑의 예를 들어 설명하였지만, 하구둑이 건설된 이후에 그 강이 유입되는 바다는 환경이나 어업에 커다란 영향을 받고 있다는 사실을 어민들은 경험으로 실감하고 있다. 이세만(伊勢灣)의 어민들도 나가라강(長良川) 하구둑에 대해 같은 이야기를 하고 있다. 그렇지만 안타깝게도 지금까지 하천 내부에 비해 유입되는 바다에서 그 변화의 실태나 과정이 명확하게 밝혀진 예는 거의 없다. 필자는 바다의 이와 같은 내용을 정리하여 소개할 수가 없음을 심히 안타깝게 생각하는 바이다. 이와 같은 원인으로 이미 설명한 것과 같이 내만의 개발 등에 관계하는 다른 인위적 영향(매립, 준설 등)이 중첩되고 있기 때문에 하구둑의 영향만을 별도로 도출하여 논의 하는 것은 매우 어렵기 때문이다. 앞으로의 연구의 추진 및 발전을 기대해 본다. 다만 이사하야만(諫早灣) 간척사업에서 건설된 장대한 조수방조제는 기본적으로는 하구둑의 성격을 가지고 있기에 다음 장에서 이를 예로 들어 강과 바다를 차단하는 하구둑이 바다에 미치는 영향을 고찰하기로 하자.

| Supplementary Box |

## 부영양화

생활하수와 산업폐수가 유입되는 연안해역에서 볼 수 있는 부영향화 현상은 지금 전 세계적인 문제로 부각되어 있다. 우리나라에서는 1980년대 초만 하더라도 진해만, 울산만 등 일부 연안해역에 제한적으로 나타나던 부영양화 현상이 지금은 전 연안 해역으로 확대되어, 그 문제의 심각성이 노출되고 있다. 부영양화(富營養化, eutrophication)란 원래 수권(水圈, hydrosphere)에서 광합성을 실시하는 식물의 성장에 필요한 질소, 인 등의 영양염류가 풍부해지는 것을 의미한다. 따라서 한정된 공간에서 보다 많은 생물생산을 추구하는 인간의 입장에서는 바람직한 어휘처럼 보이기도 하나, 최근 빈번히 사용되고 있는 부영양화란 유기오염과 관련하여 해양 생태계의 이상 현상인 적조를 유발시켜 해양 동식물의 서식이나 인간의 해상 활동에 피해를 끼치고 있는 바람직하지 못한 이미지의 어휘로 사용되고 있다.

부영양화란 원래 호소학(湖沼學)에서 사용되었던 용어로, 질소와 인 같은 영양염이 부족하여 식물플랑크톤에 의한 기초생산량의 낮았던 빈영양호(貧營養湖, oligotrophic lake)에서 오랜 기간을 거치면서 호소주변의 유기물이 유입되어 마침내 호수 내의 영양염이 풍부해져 생물 생산이 높아지는 현상을 말한다. 따라서 부영양화는 매우 느린 속도로, 지질학적인 긴 시간을 통하여 이루어지게 된다. 그러나 최근 인간 활동의 부산물로서 많은 영양염을 포함하는 생활하수나 산업폐수의 유입에 의해 수권(하천, 호수, 호소 및 바다 등을 포함)에서 발생하는 부영양화는 매우 짧은 수년 또는 수십년의 시간으로 매우 급속하게 진행된다. 여기에서 전자를 자연적 부영양화, 후자를 인위적 부영양화로 구분하며, 후자가 근년 연안 해역이나 호수 등에서 환경문제를 발생시키고 있는 내용이 된다.

원래 해양은 호소에 비해 매우 광활하고 개방적인 성격을 띠고 있어, 자정 능력이 매우 탁월하기 때문에 그다지 부영양화 자체가 그다지 큰 문제는 되지 않았다. 그러나 최근 반폐쇄적인 연안 해역의 임해공업단지 및 대도시에서 발생하는 공업폐수 및 생활하수에 의해 단시간에 매우 높은 농도를 포함한 육상 기원의 유기물이 다량으로 해역으로 유입되면서 부영양화가 심각하게 진행되어, 해양에서도 부영양화란 용어가 정착되었다.

해역에서 부영양화가 어느 정도 진행되었을 때에는 생물 생산이 높아져, 어업 활동이란 측면에서 바람직한 결과를 얻을 수도 있다. 그러나 그와 같은 기간은 매우 짧고, 부영양화의 일정 단계를 넘게되면 유기물질이 과다하게 축적되면서 해수 중의 용존산소를 고갈시켜, 해양생물의 서식처를 파괴하기도 한다. 즉 빈영양이나, 부영양의 초기 상황에서는 대기와의 가스 교환에 의해 해수 중의 산소량이 결정되기에 대체적으로 용존산소는 포화상태를 유지한다. 부영양화가 더 진행되어 과영양 상태가 되면, 해양 미생물에 의한 용존산소의 소비가 활발해져 용존산소의 포화도가 낮아지게 되고, 결국은 용존산소가 존재하지 않는 혐기성 환경으로 바뀌게 된다.

그리고 해역에서 부영양화의 진행에 따른 서식 생물 군집과 출현생물의 조성에도 크게 변화를 나타낸다. 즉 빈영양 상태의 해역에서는 영양염류가 증가함에 따라 서식하는 생물의 종이나 양이 풍요해진다. 그러나 해역의 부영양화 상태로 들어서면, 특수 환경에 적응할 수 있는 생물군만이 살아남고, 서식 생물종이 단순화되면서 개체군은 폭발적으로 증가하는 현상이 나타난다. 부영양화가 더욱 진행되면 무산소 환경에 적응한 생물만이 서식하는, 이른바 일반 생물의 서식지로는 부적합한 혐기성 환경으로 발전하게 된다. 부영양화 진행에 따른 생물의 군집 조성도 식물플랑크톤은 규조류에서 편모조류로, 동물플랑크톤은 갑각류에서 원생동물로, 저서생물도 갑각류에서 이매패로 그리고 더욱 진행되면 갯지렁이 등의 다모류가 우점하게 된다.

**사진 13** 하천을 통해 다양한 물질이 유입되는 내만해역은 높은 생물생산으로 어패류의 산란장 및 성육장으로 중요한 역할을 수행한다. 사진은 가막만 내만에 굴 치패를 채집하기 위해 설치된 시설물

## 제7장

# 이사하야만의 거대 하구둑은 아리아케만을 어떻게 변화시켰을까

**앞쪽 사진**

인공구조물에 의한 해수흐름의 차단은 표영 환경의 물질을 외부로 유출시키지 못하고 모든 침강 퇴적시켜, 해역자체에서 2차적인 유기물 생산의 공장을 만들게 된다. 이와 같은 해역은 시간이 지남에 따라 유기오염은 누적되어, 결국 생물이 없는 해저환경을 형성한다. 사진은 한려해상국립공원의 출발점인 오동도 인근의 여수 신항 전경으로 2012년 세계해양박람회 전시장으로 예정되어 있다. 현재 해저의 유기오염 퇴적물이 문제화되어 준설과 복사 등 표층퇴적물 대책에 고심하고 있다.

최근 농림수산성은 어떠한 일이 있더라도 완성을 목표로 하여 강력히 추진하는 거대한 이사하야만(諫早灣) 간척사업과 관련하여, 아리아케만(有明海)의 해양 환경의 악화, 저서생물의 감소, 어획의 감소 등 커다란 문제가 제기 되어 있다. 특히 2000년 겨울 김의 역사적인 대흉작은 아리아케만의 이변으로 사회의 이목을 집중시켰다. 그림 21은 提裕昭씨 등이 적조의 최대발생면적에 지속일수를 곱하여 정의한 적조발생 규모지수를 이용하여 아리아케만에서 적조발생의 경년변화를 나타낸 것이다. 그 결과, 이사하야만의 가장 안쪽 해역이 대형 제방으로 차단된 1997년 이후부터 적조발생이 급격하게 증가하여, 아리아케만의 해양 환경 변화와 간척사업 사이에는 매우 밀접한 관계가 존재하고 있음을 추정할 수 있었다[1].

이 사업은 이사하야만을 길이 7km의 제방으로 차단하여, 제방 안쪽에 35km$^2$, 즉 아리아케만이 면적의 2.1%나 되는 광활한 갯벌, 천해역을 농경지와 담수호(조정지, 調整池)로 건설하고자 하는 것이다. 현재뿐만 아니라 후세까지 아리아케만의 해양 환경과 어업활동에 심각한 영향을 남길 가능성이 높고, 또 최종 계획에서는 당국도 인정하고 있는 [효과] ÷ [비용]인 투자효율이 0.83으로 1이 안 되는 농경지 조성을 지금의 시대에 거액을 투자하여 실시할 필요가 어디에 있는가 하는 여론 역시 뜨겁다. 하물며 [효과 - 손실] ÷ [비용]이 1보다 훨씬 적게 되는 것을 생각하면 더한층 이해하기 어렵다.

---

1) 최근 일본에서는 겨울 김 양식 시기에 규조류에 의한 적조발생으로, 김과 규조의 영양염 경쟁에서 김이 소형 조류인 규조류에 패하여 흉작으로 이어지는 것이 보고되고 있다.

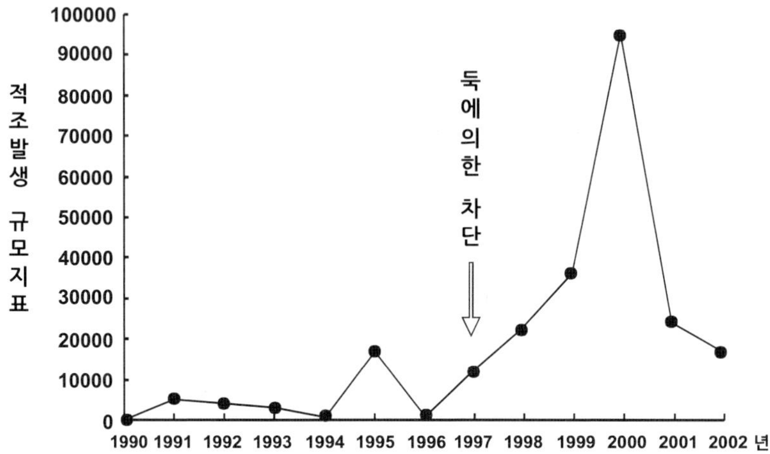


**그림 21.** 김 양식의 중요 기간인 10～12월까지 아리아케만 적조발생 규모지수<최대적조면적($km^2$) x 지속일수(일)>의 경년변화 (堤, 2003)

## 1. 방조제(防潮堤)는 거대 하구둑이다

해수의 침입을 저지하는 길이 7km의 제방은 조수제방(潮受堤防, 防潮堤)으로 불리우며, 남과 북으로 모두 폭이 250m나 되는 2개의 수문을 가진다. 그림 22에 방조제의 북쪽 수문부근의 사진을 아리아케만(有明海)과 이사하야만(諫早灣)의 지도와 함께 나타내었다. 그리고 제방 밖의 수위가 내부의 수위보다 낮은 간조시[2)]에 수문을 열어 내부에 정체되었던 오염된 담수를 수문 밑으로부터 바다로 배출한다. 제방 내부인 이사하야만 안쪽에는 아리아케만 서쪽 해안의 최대 일

2) 조석에 의해 해수가 최고로 빠져나간 상태를 간조 또는 저조, 물이 최고로 밀려온 상태를 만조 또는 고조라고 하고 있다.

급 하천인 혼묘우강(本明川)과 기타의 작은 하천들에서 담수가 유입된다. 따라서 방조제는 이름에서 보이는 것처럼 조석을 차단할 뿐만 아니라 강과 바다를 단절시키는 구조물로서, 앞장에서 설명한 하구둑의 기능을 본질적으로 가진다고 할 수 있다. 따라서 아리아케만의 해양환경에 대한 방조제의 역할을 이해하기 위해서는 이와 같은 관점이 매우 유익하고 중요하기에, 본장에서 방조제를 하구둑의 형태로 보아 거대 하구둑으로 부르기로 한다. 또 일반적인 하구둑에서는 하천수가 언제나 유출되지만, 거대 하구둑에서는 간조시에만 유출한다는 차이가 있다.

거대 하구둑이 아리아케만의 해양환경에 미치는 직접적인 영향은 크게 3개로 구분된다. 첫째는 물리적으로 아리아케만의 조석과 조류를 감소시켜, 해수의 순환양상을 변화시켜, 해수의 상하혼합을 약하게 하며, 밀도성층을 강하게 한다. 둘째는 대량의 오염부하를 발생하는 거대한 시스템으로서 기능을 한다. 셋째는 생물의 서식과 생존 및 수질정화에 귀중한 역할을 담당하는 광활한 갯벌과 천해역을 소멸시킨다. 따라서 이들의 종합적인 효과로서 아리아케만 이변이라는 극심한 해양환경 변화와 어업활동의 쇠퇴를 초래한 것으로 이해할 수 있다. 또 위의 셋째의 중요성은 제 5장의 미카와만(三河灣)의 예로서 설명하였기에, 본장에서는 첫째와 둘째의 문제에 대해서 고찰한다. 또 셋째의 문제는 바다와 강을 절단하는 거대 하구둑의 내부에서 특히 심각한 문제를 발생시키고 있지만, 둘째의 문제와 밀접한 관련성을 나타낸다.

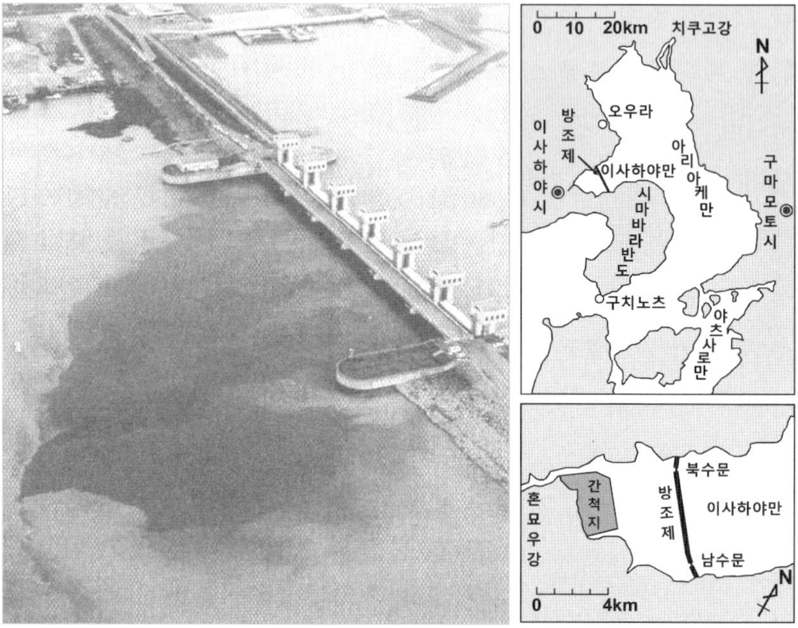


**그림 22.** 이사하야만(諫早灣)의 방조제(거대 하구둑) 북쪽 수문부근의 풍경과 관계지도. 사진은 2002. 04. 25의 수문이 시험적 일시개방 때에 제방 밖에 대량으로 침적하였던 해수의 확산상황을 나타냄. 사진: 아사히(朝日)신문사 제공

## 2. 약해진 아리아케만의 조석

일본 자연보호협회로부터 의뢰를 받고 아리아케만(有明海)의 문제를 조사하기 시작할 때, 처음에 필자의 머리에 떠오른 것은 도쿄만(東京灣), 이세만(伊勢灣), 오사카만(大阪灣) 등과 같이 연안개발이 진행된 내만의 경우, 조석이 매년 감소하는 것이었다. 즉 이전에 필자는 조석의 감소는 이들 내만에서 고도 경제성장에 따른 매우 정열적인 매립 사업으로 만의 면적이 감소한 것이 원인이 되고 있다는 것과

그에 따라 해수의 정체가 만의 해양환경의 악화를 가속시킬 가능성이 높다는 것을, 공동연구자와 함께 발표하고 있었기 때문이다. 천체의 인력에 의한 조석과 같은 커다란 자연현상 조차 인간의 활동에 의해 변화하고 있다는 것은 놀라운 일이라 할 수 있다.

그래서 우선적으로 아리아케만(有明海)의 조석 관측결과를 해석하여 보았다. 결과, 조석은 예상한 것과 같이 건설의 진행과 함께 그림 23의 내만의 오우라(大浦)의 변화곡선과 같이 계속하여 감소하고 있었다. 매일 2회의 만조와 간조를 반복하는 조석도 실제로는 주기적으로 변화하는 많은 진동성분이 모인 것으로, 그림에 나타낸 진폭은 반일 주조를 가지는 $M_2$ 분조라고 하는 진폭 성분의 진폭을 나타내었다. 이 진폭은 달의 작용에 의해 발생한 것으로 많은 성분 중에서 가장 중요하며 조석을 대표한다. $M_2$분조에서 M은 달(moon)을 의미하고, 첨자 2는 하루에 2회 만조와 간조가 생기는 것을 의미한다. 그래서 그림 중의 아리아케만 내만 깊숙한 곳인 오우라(大浦)와 만입구의 구치노츠(口津)의 진폭 비, 즉 조석의 증폭율의 감소가 간척사업에 동반한 조석의 감소를 명확하게 나타내고 있다. 전체로서 조석의 감소량은 대조에 간만의 차이(대조차)로서 말하면 아리아케만의 안쪽에서 13㎝ 정도로서 3.2% 감소하였다. 또 아리아케만 외측의 바다에서도 조석은 감소하고 있기에 그 영향을 제외하면 방조제에 의한 절단 효과는 위에서 계산한 감소량의 약 절반정도가 되는 것으로 추정할 수 있다. 이와 같은 조석의 감소는 灘岡和夫씨 등의 수치계산 결과와 거의 일치한다. 조석이 감소하면 이에 대응하여 아리아케만 연안의 갯벌 면적도 감소하여, 갯벌의 기능이 상실되지만, 그 정도는 하구둑의 내부와 비교하면 매우 작은 값이 된다.

이 경우 내만의 진동 고유주기와 그곳에 진입하는 반일의 조석파 주기가 가까우면, 공진하여 내만의 조석은 커진다. 그러나 두 개의 주기의 차이가 크면 조석은 발달하지 않는다. 내만의 고유주기는 만의 면적이 작을수록 작게 된다. 따라서 매립과 거대 하구둑의 건설이 진행에 동반하여 아리아케만(有明海)의 면적은 점차 작아지고, 이에 대응하여 만의 고유주기도 감소하게 된다. 이와 같은 결과 외해

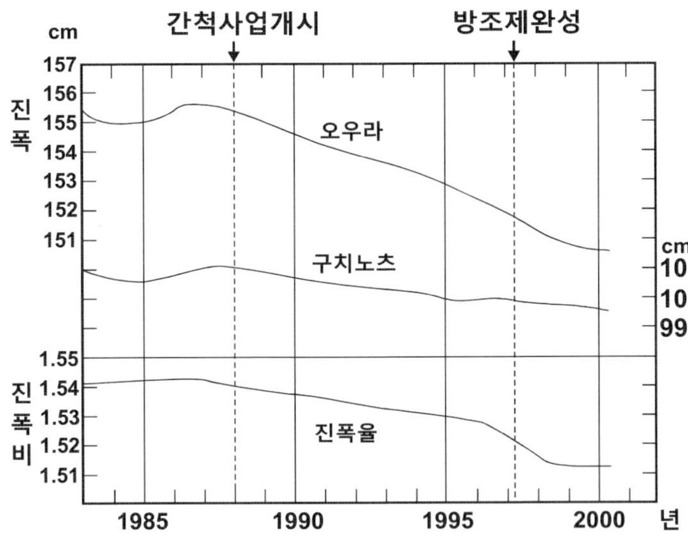


**그림 23.** 아리아케만에서 가장 중요한 조석성분 ($M_2$ 분조, 주기 12.42시간)의 진폭의 경년변화. 위: 내만의 오우라, 중: 만 입구의 구치노츠, 하: 증폭율을 나타내는 양자의 비. 지점은 그림 22 참조. (宇野木, 2003). 증폭율이 지형변화가 없는 사업개시전과 제방 완공 후는 일정하며, 그 사이에 감소를 계속. 차단 할 때에 급격히 감소하고 있는 것은 간척사업의 효과를 명확하게 나타낸다.

에서 진행하여 오는 조석파의 주기와의 차이가 이전보다 크게 되어 공진작용이 약해지고, 그림 23에 그려진 것과 같이 만내의 조석은 간척사업의 진행과 함께 점차적으로 감소하게 된다.

## 3. 조류의 감소와 밀도성층의 강화

거대 하구둑 건설 이후 아리아케만(有明海)의 조류는 감소하였지만, 그 실태에 대해서는 아직 충분하게 이해하지 못하고 있다. 이것은 조류의 관측은 어렵고 불편하기에 관측 자료가 많지 않다는 것, 조류는 지형의 영향을 받아 국지성이 강하고, 더욱 밀도성층의 영향을 받기에 조석에 비교하여 현상이 복잡하다는 이유 때문이다. 단, 해역을 이사하야만(諫早灣)과 이사하야만외의 아리아케만으로 구분할 때, 하구둑의 영향을 직접적으로 받는 이사하야만에서 조류의 격감은 명백하다. 그림 24는 농림수산성의 대조시의 조류관측 자료를 기준으로 하여 거대 하구둑 완공이후에 조류가 몇%나 감소했는가를 나타낸 것이다. 하구둑의 앞 해역에서는 80~90%의 조류가 감소하여 해수가 정체한다. 하구둑에서 다소 멀어지면 감소율은 작아지나, 파선으로 나타낸 이사하야만의 입구부근에서도 10~30% 정도가 감소하여 상당히 큰 감소가 확인되었다.

한편, 어민의 설문조사 결과에 의하면, 이사하야만(諫早灣)외의 아리아케만(有明海)의 넓은 범위에서도 거대 하구둑 건설 전에 비해 10~20% 이상의 조류 감소가 보고되었다. 그러나 이 값은 조석의 감소율에 비하여 과대 평가되었고, 또 많지는 않지만 조사된 조류의 관측결과 및 수치계산 결과들도 이와 같이 큰 조류감소의 현상을 지지하지 못하고 있다. 게다가 설문조사 결과에 나타난 정도의 광범위한 커다란 조류의 감소가 사실인지 아닌지에 대해서는 더욱 세심한 검토가 필요하다. 단 그림 24에서 외측의 가장 남쪽에 위치하는 측점 14는 아리아케만의 중앙에 위치하고 있는 정점으로, 이곳에서 13%의 조류 감소는 매우 중시해야할 사실이다. 더욱 주목하여야 할 내용은 최근 小訟利光씨 등의 연구 그룹이 그림 24의 삽입 그림에서 한 점으로 나타낸 시마바라반도(島原半島) 아리아케쵸(有明町) 연안의 2개 정점에서 자세하게 관측한 조석결과에서 하구둑 건설 전후에서 20~30% 정도 조석이 약해져 있는 것이 확인되었다. 따라서 이와 같은 조석의 감소가 하구둑 건설의 효과인 것은 분명하게 밝혀내었다. 또 그림 24에 의하면 이사하야만 외부의 북쪽 연안역에서는 반대로 조류가 증가하는 곳도 있지만, 이는 지형의 영향에 의한 국지적 현상으로 범위도 매우 한정되었다.

더욱이 아리아케만(有明海)의 환경에서 조류와 함께 주기적이지는 않지만 한 방향의 지속적 흐름인 항류(恒流)도 매우 중요하다. 해상보안청의 항류도에 의하면, 아리아케만이 북부의 표층에는 반시계 방향의 항류가 발달하여, 만의 가장 내부에 위치하여 치쿠고강(筑後川) 등의 하천수를 포함하는 해수가 이사하야만 방향으로 향하고 있는 것에 주목하자. 이와 같은 내용은 수치계산에서도 확인되었다. 최근 灘岡和夫씨에 의해 마커(marker)를 사용한 수치 확산실험에 의하면 거대 하구둑 건설 이후에는 환류의 북측 갯벌에서도 사가현

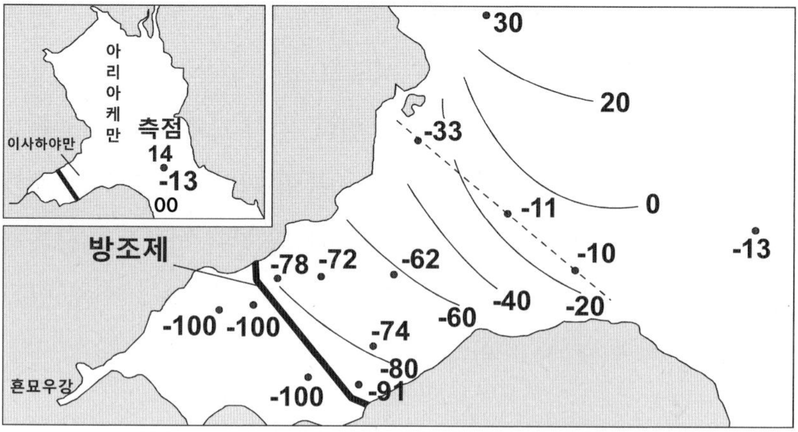


**그림 24.** 방조제(거대 하구둑)의 완공 전후에서 대조 때 조류의 변화율, −는 감소, 만 입구를 파선으로 나타내었다. 농림수산성의 자료를 기본으로 작성(宇野木, 2002) (삽입된 지도 속의 2개(정점 13 및 14)는 小松 등(2004)의 연구 그룹의 조석측정 지점)

(佐賀縣)[3] 연안을 따라 이사하야만 방향으로 치쿠고강 수계의 해수 수송이 강해진 것을 알 수 있었다. 하구둑 완공 후에 치쿠고강 수계의 움직임의 변화는 후쿠오카현(福岡縣)[4]과 사가현의 천해역 정선 관측 자료에 의한 程木義邦씨의 해석에 의해 확인되었다.

이와 같이 하구둑 제방완공 후에 하천계 수계의 확산은 이미 설명하였지만 조류의 감소에 동반하여 밀도성층을 강화시킨다. 사실 이에 대해서는 천해 정선 관측에서 중층(5m층)의 염분 변동이 제방 완성후가 완성 전에 비하여 작아진 것으로부터 분명하게 이해할 수 있었다. 중층의 변동이 작았다는 것은 중층은 표층에 발생하는 변화의

3) 부도 B 참조.

4) 부도 B 참조.

영향을 받기 어렵게 된다는 것으로 즉 밀도성층이 강해졌다는 것을 의미한다. 이와 같은 하구둑 완공 이후의 성층의 강화는 해역환경을 극단적으로 악화시키는 원인이 되고 있다. 사실 提裕明씨 등의 연구그룹이 자세한 관측에 기초하여 밀도성층의 강화와 하천수에 의한 다량의 영양염 공급은 그림 21에 나타낸 것과 같은 하구둑 인근해역에서 적조발생이 이상적으로 증가한 주원인이 하구둑 건설에 있음을 추정할 수 있게 하고 있다.

## 4. 거대 하구둑은 거대한 오염부하 생산시스템

그림 25에는 일본자연보호협회가 조사한 이사하야만(諫早灣) 표층에서 유기오염물질의 함량을 나타내는 COD의 분포를 나타내었다. 단위는 해수 1L에 대한 산소 필요량을 mg으로 표현하였다(mg/L). 거대 하구둑 전면에서 10이라고 하는 매우 높은 농도를 보인다. COD 10이라는 농도는 2000년도 환경성 발표에서 일본 전국에서 가장 나쁜 수질을 나타내는 호수에서 3위를 차지하는 치바현(千葉縣)[5] 인바소(印旛沼)의 연평균의 값과 같다. 이사하야만에서는 전반적으로 COD 농도가 높지만, 만 입구를 향해 점차 낮아지며, 만 입구에서 2 정도의 수준이 되어 있다. 그런데 환경부가 정한 이사하야만의 COD 기준값은 2 이하이지만, 당초의 환경영향평가는 사업 이후에

5) 부도 D 참조.

도 이사하야만의 환경기준 달성에는 문제가 없는 것으로 결론을 맺고 있다.

또 佐々木克之씨 등의 연구에 의하면, 거대 하구둑 공사 이전에 이사하야만 내부에서 배출되는 유기오염 부하량은 연간으로 COD 기준 아리아케만 전체 부하량의 2.0%에 지나지 않았지만, 완공 이후 수문을 통해 배출되는 유기오염 부하량은 놀랍게도 이전의 6배인 12.2%로 증가한 것으로 평가하였다.

거대 하구둑 완공 이후에 왜 이와 같이 오염이 극심하게 되었을까? 하구둑의 내부에는 하천수가 정체되어 부영양화 되고, 호수 밑에는 헤도로인 유기오염 퇴적물이 두껍게 퇴적된다. 부영양화된 내부의 담수는 바다쪽 수위가 낮아질 때 수문의 밑을 통하여 호수 저

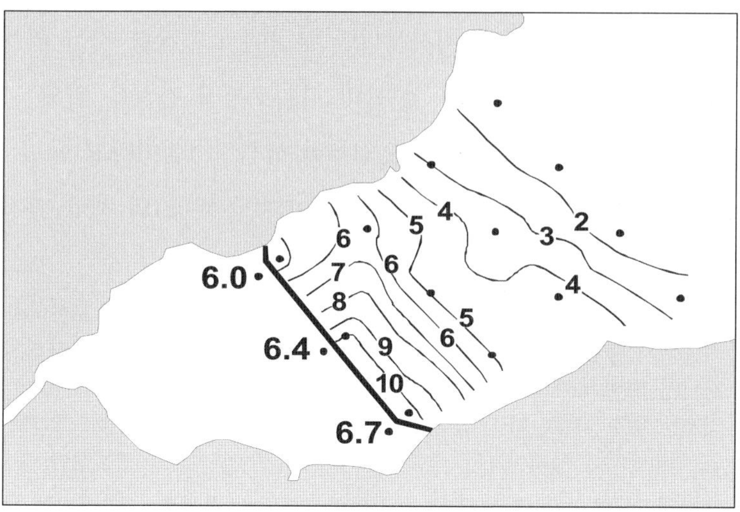


**그림 25.** 이사하야만(諫早灣) 표층수의 COD(mg/L)의 분포(2002. 3. 28), 일본자연보호협회(2002)

층의 펄을 혼합시키면서 강하게 해역으로 배출되어, 금방 해수표면으로 떠오르게 된다[6]. 이 풍부한 영양염을 포함한 다량의 하천수가 바다로 유입되면 하구둑의 외측인 바다에서는 표층에 풍부한 빛을 받아 식물플랑크톤에 의한 생물생산이 활발하게 진행되어 조건에 따라서는 적조가 발생하게 된다. 즉 하구둑의 내부에서 운반되는 것처럼 식물플랑크톤을 포함한 다양한 생물의 유해 및 배설물이 하구둑 인근의 해저환경에 대량으로 침강하여 퇴적하게 된다. 게다가 그림 24와 같이 하구둑 외측은 흐름이 매우 약해 졌기에 밀도성층이 강해지고 저층의 해수는 정체된다. 그 결과 저층에서는 많은 양의 산소가 세균 등에 의한 유기물 분해에 소비되어 저서환경은 산소가 부족한 빈산소 환경으로 변화되면서, 저층의 해수와 해저퇴적물의 환경조건은 극단적으로 악화된다. 2001년에 심각한 김 피해가 발생할 때의 적조 발생은 이사하야만 부근에서 시작한 것이 위성사진에 명확하게 확인되었다[7]. 이상의 사실로부터 간척을 위해 건설된 거대 하구둑은 마치 거대한 오염부하 생산시스템이라고 할 수 있으며, 이 오염생산 시스템에 의해 아리아케만(有明海)의 해양 환경은

6) 본문에서 몇 번 설명되고 있지만 하천수는 해수에 비해 염분을 포함하지 않기에 밀도가 낮다. 즉 비중이 작아 가볍기에 해수 밑으로 배출되더라도 밀도 차이에 의해 쉽게 표층으로 올라오게 된다.

7) 적조는 주로 고수온기에 식물플랑크톤의 이상발생으로 발생한다. 그러나 최근 일본에서는 아리아케만 처럼 하구둑 공사 등에 의해 오염물질이 수시로 해역에 유입되면서 김이 주로 성장하는 겨울에도 규조에 의해 적조를 발생시키고 있으며, 같은 영양분을 이용하는 적조생물이 김 보다 빠르게 영양분을 흡수하게 되어, 김 양식의 황폐화를 발생시키는 예가 빈번하게 보고되고 있다.

중대한 영향을 미치고 있는 것으로 판단할 수 있다.

## 5. 거대 하구둑 앞 해역의 퇴적물 오염

하구둑 건설 이후에 東幹夫씨 등이 발 빠르게 대상 해역을 관측한 결과, 이사하야만(諫早灣)에서 아리아케만(有明海)에 걸쳐 저층에 빈산소 수괴가 매우 넓게 형성되고 있다. 그림 26에 이사하야만 입구의 저층에서 용존산소의 경시적 변화를 나타내었다. 그림에서 저층수가 빈산소화 되어 가는 상황이 잘 표현되고 있다. 빈산소 수괴는 태풍에 의해 해수의 연직혼합이 발생하여 소멸될 때까지 지속 되었다. 또 빈산소 수괴의 형성에는 간척을 위해 이사하야만 부근에

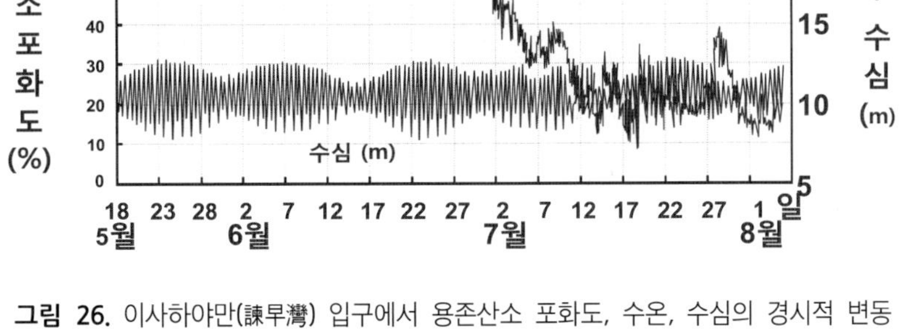


**그림 26.** 이사하야만(諫早灣) 입구에서 용존산소 포화도, 수온, 수심의 경시적 변동 (서해구수산연구소, 2001)

서 모래를 대량으로 준설 채취한 장소가 그대로 남아 있어, 커다란 웅덩이를 형성하는 지형도 영향을 미치는 것으로 알려진다. 이사하야만의 간척사업을 위한 모래채취는 아리아케만의 외측에 위치하는 다치바나만(橘灣)이나 쓰시마(對馬)연안에서도 이루어졌고, 이들 해역에서도 해사채취에 따른 해양환경 및 어업에 영향이 발생하여 지금도 문제가 되고 있다.

일본 자연보존협회가 조사한 저층부근 해수 중의 용존산소의 분포에 대한 일예를 그림 27에 나타내었다. 생물의 생존을 위해서는 3 mg/L 정도의 산소가 필요하지만, 그 이하의 빈산소 수괴가 이사하

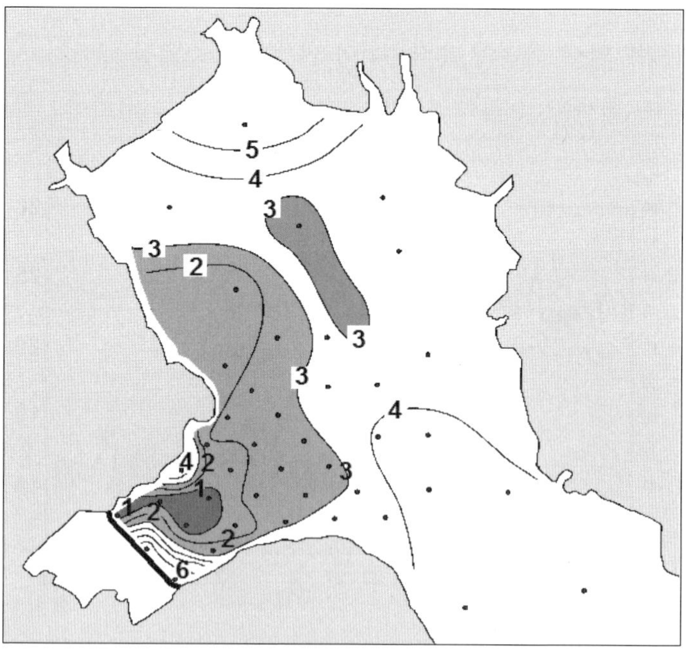

**그림 27.** 아리아케만 북부해역의 저층(해저에서 0.5m 위의 수층)의 용존산소 농도(mg/L)의 분포, 2001. 8. 5~7 (일본자연보호협회, 2001)

야만(諫早灣) 뿐만 아니라 아리아케만(有明海) 서부 저층의 내만을 향해 넓게 확산되고 있는 것이 확인된다. 灘岡和夫씨의 수치계산에 의하면 이사하야만 전면에서 아리아케만의 내만부에는 계곡형의 항류가 존재하는데, 이와 같은 항류 흐름이 빈산소 수괴의 분포를 잘 지지해주고 있다. 또 동협회의 조사에 의해 우리의 상식을 뛰어 넘는 거대 하구둑의 내부의 저층에서 50㎝ 이상의 두꺼운 검고, 악취를 풍기는 헤도로(유기오염 퇴적물)가 하구둑 외측의 이사하야만에도 매우 넓게 분포하고 있는 것을 알았다.

이사하야만(諫早灣)을 기원으로 하는 빈산소 수괴에 대해 알아보았지만, 이와는 별도로 아리아케만의 내만해역에서도 극심한 빈산소 수괴가 발생하는 것에 주목할 필요성이 있다. 앞에서 아리아케만 북부의 내만해역에 적조가 빈번하게 발생하고 있는 것을 설명하였지만, 적조발생과 함께 아리아케만 북부의 천해해역에도 빈산소 수괴가 발생한다.

그리고 아리아케만의 북부에서 중앙 해역에 걸쳐 세립한 입경의 펄이 넓게 확산되는 것이 東幹夫씨 등에 조사에서 밝혀졌다. 이상과 같은 관측 자료 및 현상들로부터 아리아케만은 이미 저서생물의 서식악화에 따른 생물 다양성이 감소나 소멸의 위기에 봉착되고 있을 가능성이 높은 것으로 염려된다. 이 또한 조류의 쇠퇴에 깊게 관계하고 있는 것이라 할 수 있다.

**사진 14.** 영상강 하구둑에 의해 해수와 담수이 교환이 차단되면서 극심한 수질오염을 발생시키고 있는 영산호와 목포내항의 위성사진. 사진에서 목포항의 왼쪽과 목포항 그리고 하구둑 오른쪽의 영산호에서 물의 색이 차이를 쉽게 관찰할 수 있다. 목포항은 현재 거의 죽음의 바다로 변해있다.

## 6. 이사하야만 간척사업의 영향에 대한 농림수산성의 대응

지금까지 거대 하구둑이 아리아케만(有明海)의 환경에 미치는 영향에 대해 살펴보고, 하구둑이 바다 환경을 악화시킬 가능성이 매우 높은 것에 대해여 기술하였다. 단지 가능성은 이야기하지만 현상의 복잡성과 자료의 부족으로 분명한 결론을 도출하여 단언하는 것은 매우 어렵다. 즉 일본의 다른 주요 내만과 같이 아리아케만도 근년 각종의 연안개발과 함께 이사하야만(諫早灣) 간척사업이 시작되기 이전부터 해역의 환경이 서서히 악화되고 있었다. 게다가 농림수산성은 여러 가지 기타의 연안개발 사업에 대한 요인을 나열하여 아리아케만의 해양환경 악화의 원인은 아직 불명이고, 간척사업이 그 주원인이 아니라고 영향을 부정하면서 사업을 계속 추진하였다.

그러나 앞에서 표시한 그림 21에 의하면 최소한 여러 요인에 의해 기초체력이 매우 약해진 아리아케만에 결정적 펀치를 날린 것은 이사하야만(諫早灣) 간척사업이라는 것은 부정할 수 없는 사항이다. 농림수산성이 이사하야만 간척사업의 영향을 부정한다면, 이 급격한 환경변화를 발생시킨 별도의 원인이 이사하야만 간척사업 이외의 요인에 의해 발생하고 있다는 확실한 증거를 제시할 필요성이 있다. 그러나 이와 같은 증거를 제시하지 못하고 있다. 그러면 이사하여만 간척사업의 영향을 부정하는 근거는 없는 것이 아닌가?

아리아케만 이변의 원인 해명이 곤란한 근본적 이유 중에 하나는 이사하야만(諫早灣) 간척사업을 위해 농림수산성에 의해 실시된 기본적인 사전 환경조사가 매우 부실하고 조잡하다는 것이다. 부실한 조사결과의 한가지 예에 지나지 않지만, 그림 24에서 보이는 것처럼 이사하야만 밖의 광활한 아리아케만에서 사전조사의 조류측점은 겨우 3개 지점뿐이다. 넓은 해역에 대해 이와 같은 빈약한 사전조사의 예는 필자가 알고 있는 범위에서 일본의 관측결과에서는 전무하다고 할 수 있다. 그래서 이사하야만 간척사업의 바다 환경에의 영향정도의 원인규명을 위해서는 농림수산성이 설치한 이른바

제 3자 위원회에서는 방조제 수문을 개방하여 환경변화의 정도를 상세하게 조사하는 것이 절대적으로 필요하다고 제언하였다. 위원회 설치할 때 당시의 농림수산성 장관은 위원회의 제언을 존중한다고 약속하였지만, 그 이후 농림수산성은 형식적으로 소규모적인 개문조사를 실시하였을 뿐, 명확한 원인규명을 위한 본격적인 개문조사는 거부하였다. 이것은 농림수산성이 간척사업에 의해 바다환경과 어업의 악화를 가져온 진짜의 이유가 명백해지는 것을 두려워하고 있다고 판단할 수밖에 없다. 많은 어민들과 연구자가 호소하고, 타수의 신문사가 사설에서 주장하고 있는 것처럼, 원인을 규명하고, 그 회복의 방안을 도출하기 위해서는 하루 빨리 방조제 수문의 전면개방에 의한 현장조사가 실시될 수 있기를 기대하여 볼 수밖에!

**| Supplementary Box |**

### 적조

연안 해역에서 부영양화에 이어 나타나는 현상이 적조(赤潮, red tide or red water)이다. 적조는 부영양화와 마찬가지로 원래 자연현상으로서, 수권에 부유 생활하는 식물플랑크톤이 이상발생으로 해수가 색을 띄는 현상을 나타낸다. 적조의 발생 기록은 구약성서시대에 까지 거슬러 올라가, 환경오염에 의한 발생보다는 해역의 수용능력을 초과하는 과도한 육상 물질이 유입되었을 때, 수권이 자체적으로 조절하고자 하는 능력의 표출로서 발생하는 것이라고도 할 수 있다. 그러나 최근 해역에서 발생하는 적조는 오랜 기간 유입되는 육상기원 물질의 유입조절에 의한 기능보다는 과도한 인위적 부영양화에 따라 매우 빈번하게 발생하며, 그것도 유해적 생물에 의해 장기적이면서도 광역적이고 만성적인 성격을 나타내어, 발생으로 인한 해양생물은 물론 양식생물에까지 막대한 피해를 입히고 있다.

# 제8장
# 강에서 모래 공급이 격감한 해안의 참상

**앞쪽 사진**

우리나라 태백준령을 따라 동해로 유입되는 하천, 계곡이 험준할 수록 육상에서 입도가 큰 토사가 바다까지 운반된다. 사진은 설악산 계곡을 따라 동해로 유출되는 소형 하천

인간이 하천사업으로 커다란 이익과 생활의 안전을 얻는 대신, 해안이 크게 침식되었던 좋은 예는 시나노강(信濃川)[1]의 오코츠(大河津)에서 이루어진 수로 분류 공사이다. 이는 빈번하게 발생하는 홍수로부터 에치고(越後)평야[2]를 지키기 위해 시나노강의 하구에서 50km 정도 상류에서 인공적으로 길이 약 10km의 별도의 수로를 만들어 시나노강 하구로 유출되는 홍수의 유량을 감소시키고자 하는 사업이다. 이 수로의 건설은 22년 걸려서 1931년에 마침내 완성하였다. 완성 이후에는 그때까지 거의 3, 4년마다 발생하던 수해는 거의 사라지고, 에치고평야는 급속한 발전을 가져오게 되었다.

그러나 한편으로는 하천유량과 함께 모래의 공급이 격감한 시나노강(信濃川)의 하구부근 해안에서는 격심한 해안침식이 발생하여 해안선이 매우 후퇴하게 되었고, 지금도 후퇴하는 해안보전을 위해 많은 노력과 경비를 지출하고 있다. 또 이곳의 해안침식에 더하여 한때 성행하였던 천연가스의 채취사업의 결과 지반침하는 더욱 심하

---

1) 나가노현[長野縣]과 니가타현[新潟縣]을 흐르는 일본에서 가장 긴 강이다. 혼슈[本州]의 일본 알프스에 있는 고부시카 산[甲武信ヶ岳]에서 발원하여 북북동쪽으로 367km를 흘러 니가타에서 동해로 들어간다. 상류에는 수많은 지류가 있으며, 이 가운데 사이가와 강[犀川]과 우오노 강[魚野川]은, 작지만 생산성이 높고 인구가 많은 산간분지를 흐른다. 하류는 니가타 평야를 가로지르면서 삼각주와 늪지를 형성한다. 봄에 해빙기가 되면 하류가 범람하기 때문에 1923년 오코즈[大河津]에 배수용 운하가 건설되었다. 그러나 하구로 운반되는 모래와 퇴적물이 줄어들어 삼각주가 바닷물의 피해를 입게 되었으며, 천연 가스를 뽑아내기 위해 지하수를 퍼냄에 따라 지반이 내려앉는 사태가 발생했다. 이 강은 오랫동안 내륙수로로 이용되었으며 하구에 니가타를 비롯한 많은 하천의 항구(河港)가 있다. (부도 D 참조)

2) 일본 니이가타(新潟)현 니이가타시 주변의 평야지대 (부도 C 참조)

게 진행되었다. 그에 따라 그 옛날 北原白秋[3])가 노래했던, 공작의 무리나 수유나무가 무성했던 드넓고 정겨웠던 광활한 모래 산은 물론 모래 산을 만들었던 시나노강의 토사 유입감소로 지금은 옛 모습의 자취 조차 볼 수 없게 되었다. 또 바다 가까이에서 오랜 시간 하늘의 변화를 관찰해오던 (구)니이가타(新潟) 측후소도 바다 속에 잠기게 되었다.

## 1. 해안침식은 왜 일어나는가?

하천이 해안을 키운다. 해안가에 넓게 분포하는 모래사장의 모래는 해안으로 밀려와서 깨지는 파도에 의해 끊임없이 요동치고 있다. 더욱이 깨지는 파도가 만드는 흐름과 기타의 해수유동에 의해 미립한 모래입자는 다른 곳으로 이동되기에 모래사장은 숙명적으로 바다의 해수운동에 의해 깎여질 운명이라 할 것이다. 이와 같은 해수유동에서 모래입자가 이동되는 과정에서 부유하여 운반되는 모래를 표사(漂砂)라고 한다. 표사는 연안흐름에 의해 해안을 따라 이동하지만, 이 과정에서 일부는 외해역으로 방출된다. 연안에서 외해로 방출된 모래량은 재차 하천이나 상류쪽 해안의 모래가 흐름을 타고 새롭게 보충되면서 평형상태가 유지된다. 이와 같은 균형으로 발달한 천연의 모래사장은 오랜 기간 변함없이 아름다운 모래사장을 연출

3) 北原 白秋(Kitahara Hakushu; 1885～1942)는 근대 일본을 대표하는 시인이자 동요작가.

하게 된다. 그러나 시나노강의 예와 같이 인의적인 개발 등에 의해 모래의 유·출입에 미묘한 균형이 파괴되면, 평형상태를 유지하여 아름다움을 유지하던 모래해안은 변화하면서 예전의 아름다운 모습은 사라지고 황폐화된 해안으로 변화 된다.

일본의 해안가에서 보이는 해안침식의 경우, 그 원인으로 몇 가지의 내용을 열거할 수 있지만, 주된 원인은 다음의 2가지이다. 이 두 가지가 복합적으로 발생하는 경우도 많다. 하나는 하천사업에 의해 하천에서 바다로 공급되는 모래의 양이 급격히 감소하는 것, 둘째는 연안해역에서 이루어지는 공사, 즉 방파제 또는 모래유출 방지를 위한 소파블록의 설치 등과 같은 인위적 구조물에 의해 발생하는 것이다. 후자는 구조물에 의해 해안을 따라 움직이는 모래의 흐름이 단절되기 때문에 구조물의 위쪽에서는 모래의 퇴적이 발생하지만, 아래쪽에서는 침식에 따른 모래의 감소가 발생한다. 즉 하천사업에 기인하는 해안침식을 방지하기 위해, 막연하게 인위적인 구조물을 해안에 설치하면 구조물의 아래 해역에서는 도리어 침식이 심해지게 되어, 구조물에 의한 모래 유출이 심해지는 결과를 가져온다. 이와 같은 이유에서 복구공사와 해안침식은 다람쥐 쳇바퀴 돌리기 양상처럼 되어, 근본적인 해안침식의 진행을 멈추는 것은 곤란하게 된다. 최근 한 때에는 운동회를 할 정도로 넓고, 길게 뻗어 있었던 모래사장이 점차 소멸되어 축소되면서, 해변에는 콘크리트의 소파블록이 연속적으로 설치되어 쓸쓸한 해안 풍경으로 변화된 해안을 자주 보게 되었다.

위와 같은 해안침식에서 비교적 파도가 거칠고, 인근 지역의 연안개발이 심하지 않은 모래해안은 하천으로부터 공급되던 토사의 양이 급격히 감소하면서 발생한다[4]. 이와 같은 해역의 해안침식의 진행상황은 시각적으로 확인이 가능하기에, 비교적 그 원인에 대해서도 쉽게 이해할 수 있다. 그러나 매립, 준설 등과 같은 연안개발이 활발한 내만이나 연안의 천해해역에서 발생하는 해안침식은 현상의 파악은 물론, 원인에 대해서도 접근하는 것이 쉽지 않다. 이와 같은 경우에는 내만해역으로 유입되는 파도가 비교적 적고, 하구부근에는 토사가 퇴적되어 넓은 모래사장 및 갯벌 형성은 물론, 해조장이 매우 발달하여, 풍요로운 수산자원 생물의 산란 및 성육에 따른 훌륭한 어장이 형성된다. 이들 내만 해역에 하천에서 유입되는 모래의 공급이 감소하게 되면, 제 1장에서 어민들의 체험에서 소개한 것처럼 하천부근의 지형이 변화하여 갯벌과 해조장은 소멸되면서 해양환경 및 어업활동에 커다란 피해를 발생시킨다. 그러나 이들 해역은 하천에서 토사유입의 감소만이 아닌, 연안개발에 동반된 인위적 지형변화 등이 중복되고 있기에 하천사업에 따른 환경변화만을 도출한다는 것은 매우 어려워, 이에 대한 실태 파악은 물론 침식과정에 대한 연구도 많지 않다.

해양파가 거친 해안을 예로 하여 필자가 일상 경험하는 아베강(安部川)의 모래로 양성된 수루가만(駿河灣)의 구노・미호(久能・三保)해안의 해안침식을 다음 절에서 소개한다. 한편 파가 비교적 온화한 해

4) 우리나라 남서해역인 진도, 해남, 신안인근의 해안에서 발생하는 해암침식에 대해서도 명확한 조사결과는 없지만, 단순히 해사채취에 의한 결과라고 단정하기보다는 영산강 하구댐, 금호 및 영암방조제 등에 의한 유입토사의 차단에 의한 효고 등을 종합적으로 검토하여 판단하여야 할 내용으로 보인다.

안의 예로서는 구마강(球磨川)에서 유입되는 모래로 양성된 야츠시로만(八代海)에서의 해안침식이 있고, 그에 대해서는 제 10장에서 설명한다.

## 2. 名勝羽衣의 소나무가 위험하다

수루가만(駿河灣)[5] 서부해역의 북쪽에 위치하는 아베강(安部川)은 상류의 산악지대에서 암석의 풍화・파쇄작용이 격렬하고, 또 하천바닥의 경사가 매우 급하여 상류의 토사가 하천수에 의해 많은 양이 모래가 바다로 유입된다. 바다로 유입된 모래는 시즈오카(静岡), 시미즈(淸水)의 해안을 따라 이동・운반된다. 미호(三保)의 소나무군락으로 유명한 미호반도도 아베강에서 유입된 모래의 흐름으로 형성되었다. 수루가만은 만입구의 수심이 2,000m 이상으로 매우 깊고, 1,000m 깊이를 나타내는 등심선이 내만 깊숙한 해역까지 도달하는 심해이기에, 수루가만 연안은 일본 유수의 급경사 해안 중 하나이다(그림 28, 오른쪽). 또한 남쪽 만입구에서 진행해서 내만으로 진입하는 외해의 높은 파도는 깊은 수심으로 연안의 수심의 낮은 천해에서 감쇠되지 않고 직접 해안에 격렬하게 부딪히게 된다. 해안은 남서에서 북동으로 뻗어있기에 남쪽에서 해안에 비스듬하게 입사한 높은 파와 파에 의해 만들어 지는 연안흐름의 활동으로 모래는 북동방향인

5) 일본 혼슈 중앙부의 태평양 연안에 위치하는 만으로 위치는 부표 D 참조.

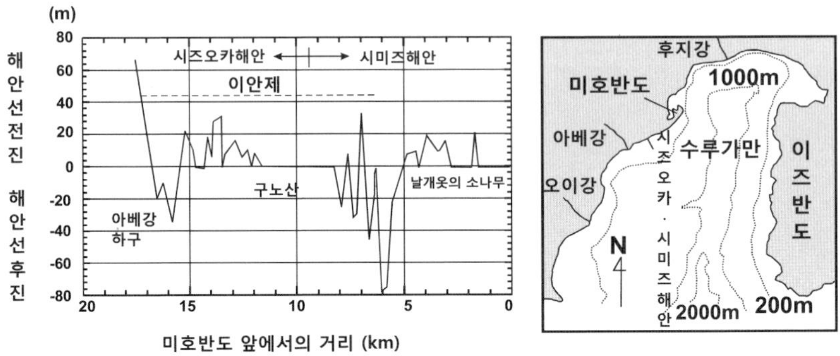


**그림 28.** 시즈오카(靜岡)에서 시미즈(淸水)에 걸친 해안선의 변화. 왼쪽 그림의 세로축은 1990년의 정선을 기준으로 한 1993년의 汀線[6]의 상대적 변동량. 파선의 범위에 이안제를 설치 (小管, 1996)

미호반도쪽이로 이동 · 운송된다. 또 파가 거친 해안에서는 모래만이 아니라 꽤 커다란 자갈이나 바위까지도 해안을 따라 뒹글면서 운반되는 것이 이 해안의 특징이다.

그러나 아베강(安部川) 유역에도 일본의 일반적인 하천처럼 댐들이 점차적으로 건설되면서 하천바닥의 퇴적된 막대한 모래의 채취가 시작되었고, 하천에서 유입되는 모래량의 격감하게 되면서, 발달되었던 시즈오카(靜岡) 및 시미즈(淸水)의 해안선은 해안침식으로 크게 후퇴하기 시작하였다(표지 사진 참조). 모래 유입감소로 1966년에 처음으로 해안이 붕괴되는 피해가 발생하였고, 이후 현재까지 복구공사가 계속되고 있다. 이와 같은 환경변화는 양파껍질을 벗기는 것과 유사하여, 앞에서 설명한 것과 같이 해안침식이 발생한 해역에 해안침식을 방지하기 위해 소파블록을 설치하고, 설치한 소파블록은 재

---

6) 해면과 육지가 맞닿은 선으로 해안선을 가리키는 용어

차 하류로 이동하는 모래흐름을 차단하여 퇴적과 침식이 반복되면서, 연속적으로 해안침식을 확대시킨다.

그림 28(왼쪽)은 1990년과 1993년 겨우 3년 사이에 해안선의 변동을 나타낸 것이다. 해안침식에 의한 해안붕괴가 심해지면서 아베강(安部川)에서의 모래 채취는 제한되었고, 아베강 하구에서 미호(三保) 반도를 향해서 해안을 따라 모래차단의 소파블록으로 만들어지는 이안제(離岸提)가 점차적으로 설치되었다(그림 28(왼쪽)의 파선 범위). 그 결과 그림 28(왼쪽)에 보이는 것처럼 시즈오카(靜岡) 해안에서는 모래가 모이기 시작하여 해안의 침식은 멈추어진 것과 같이 보인다. 그러나 모래 흐름의 하류 쪽에 위치하여, 조류 차단공사가 미착공이든지 충분하지 않은 시미즈(淸水)해안에서는 거꾸로 미보방면으로 해안침식이 진행되어 해안침식과 그 대책공사가 쫓고 쫓기는 추격의 실태가 명확히 확인되었다. 해안을 따라 침식되는 진행속도는 연간 270m 정도로 추정하고 있다.

더욱이 이곳에서 계속하여 침식이 진행되는 앞쪽에는 선녀와 사냥꾼(어민?)으로 잘 알려진 유명한 명승 [선녀 옷(羽衣)의 소나무][7]가 위치하고 있어, 해당지역의 시민단체 등 많은 사람들이 해안침식에 따른 명승지의 소실을 염려하여, 그 대책에 고심하고 있다. 그림 29

7) 名勝羽衣: 국내에서 선녀와 나무꾼으로 알려지는 동화의 내용과 전체적인 흐름은 간으나, 일본에서는 선녀와 사냥꾼 또는 어부로 전해지며, 천상의 선녀가 내려와 목욕을 하기 위해 날개 옷(羽衣)을 소나무에 걸어 두었던 것으로 전해지며, 당시 선녀가 옷을 걸어 두었던 소나무가 지금도 존재하여, 현재에는 유명한 관광명소가 되어 있다. 이 소나무(名勝羽衣)는 현재 해안가에 위치하고 있으며, 하천개발에 따른 해안침식으로 없어질 운명에 처해 있다.

에 나타낸 2개의 항공사진은 1994년과 2004년 [선녀 옷의 소나무] 부근의 사진으로 10년 사이에 해안선 변화의 매우 심하게 발생하고 있음을 잘 이해할 수 있다.

**그림 29.** 미호(三保)소나무 숲 해안의 항공사진. 위: 1994년 5월 19일, 아래: 2004년 1월 27일. 밑에 사진에서 해안선이 凸의 장소의 앞에 이안제가 위치함. 위 그림의 위쪽은 시미즈항을 멀리서 조망, 육지 내부의 御穗海신사에서 해안을 향하는 송림의 참배길이 해안에 나와 있는 지점. 사진 위의 중앙 오른쪽에 선녀와 사냥꾼의 이야기로 유명한 羽衣의 소나무가 위치한다. (佐藤武씨 제공)

## 3. 해안침식을 멈추기 위해서는!

이전에는 해안침식을 멈추게 하기 위해 위에서 설명한 것처럼 침식해안 전면에 콘크리트의 소파블록을 한 줄로 설치하여, 들어오는 파의 힘을 약하게 만들고, 파에 의해 끌려가는 모래의 흐름을 차단하는 공법을 이용하였다. 그러나 이는 파에 대한 고려만을 한 단편적 대책으로 모래의 흐름을 고려하지 못하였기에, 앞에서 설명한 것처럼 블록이 설치되지 않은 아래쪽의 모래 이동이 차단되어 해안침식이 아래로 점차 확대되어 갈 뿐이라는 것을 경험적으로 알게 되었다.

최근에는 다소 발상을 바꾸어 해안선 주변에서 모래이동의 동태를 해석한 조사 결과를 기본으로 고안한 headland(岬) 공법이라는 방법이 널리 이용된다. 이 공법은 바다로 도출된 지역(岬)과 지역 사이에 위치하는 천연해안에서는 계절에 따라 바람, 파, 흐름의 변화함에 따라 모래도 좌로, 우로 또는 해안으로, 외해로 이동하게 된다. 그러나 1년 주기를 통해 보면, 이동하는 모래는 해안의 외부로 크게 유출됨이 없이, 도출된 지역과 지역 사이의 해역에서 이동되고 있는 것을 알게 되었다.

자연상태에서 이와 같은 모래의 움직임을 이해하고, 지금까지와는 다르게 소파블록을 쌓아 만든 이안제를 적당한 간격으로 해안의 바깥쪽으로 향하게 설치하여, 도출된 지역을 만들어, 지역 안쪽의 침식해안을 안정된 해안으로 변화시키고자 하는 것이다. 자연적인 연안해역에서 우리는 해안에서 멀리 떨어져 있지 않은 섬이나 구조물에 대하여, 해안 방향으로 모래가 연속하여 연결되는 현상을 어렵지 않게 관찰하게 된다. 이와 같은 현상은 톰보로(tombolo)[8]라고 하며, 일본에서는 가마쿠라(鎌倉)의 에노시마(江島)가 좋은 예이다. 외해에서 들어오는 파가 섬의 후면에 좌우부터 돌면서 들어와서 깨지기에, 그곳은 모래가 모이게 되어 연결되기 쉽게 된다. 이와 같은 현상을 이용하는 공법으로, 실제 해안침식이 일어나는 해역에서 매우 유효하게 기능하여 공사이후 비교적 안정한 해안을 유지하는 예가 많다. 그림 28 속의 시미즈(淸水)해안에서 복수의 큰 해안선의 요철(凹凸)이 보이나, 정선(汀線-해안선)이 전진하는 凸의 위치에는 이안제가 설치된다. 그림 29의 밑 사진에서 해안선이 바다로 돌출된 앞부분에 이안제가 보인다.

이와 같은 공법에 의해 설치된 이안제 공사 해역에서는 가끔 이안제를 선두로 하여 인접하는 이안제 사이에 아치를 형성하면서 해안선으로 정렬되어 밀려오는 파도가 하얗게 부서지는 광경은 말로 표현할 수 없는 절경을 만들어 내기도 한다. 이와 같은 절경을 만나게 되며, 우리는 자연의 조화와 그들이 만들어 내는 아름다움에 흠뻑 도취되면서, 자연에 대처하는 진정한 방법을 다시금 생각하게 하는 것은 아닌지? 그러나 해안의 형성과 변화의 과정은 단순하지 않고, 매우 복잡하여, 이와 같은 단순한 공법만으로 만사형통이 되는 것은 아니라고 할 수 있다.

역시 연안해양환경의 보존에 대한 기본은 하천사업을 재검토하여 강이 해안을 육성·지속시키는데 필요한 충분한 모래를 공급하는 것이다. 육상에서 지속적인 토사공급이 없이는 어떠한 방법을

---

8) 이탈리아어로서 육지와 그에 가까운 섬을 연결하는 사주를 나타냄.

이용한다 할지라도 오랫동안 해안을 안전하게 보전, 유지시키는 것은 곤란하다. 최근에는 모래의 흐름의 위에서 아래로 또는 다른 장소에서 인공적으로 모래를 운반하여 모래 해안에 공급하는 방법도 실시되고 있으나9), 이 또한 지속적으로 실시하는 것은 매우 어렵다. 위의 날개 옷(羽衣)의 소나무 앞의 해안도 현재에는 모래를 보급하여 간신히 유지시키고 있는 상황이다. 이전에는 자연의 힘으로 아베강(安部川)에서 모래가 흘러왔는데, 지금은 같은 강에서 트럭을 이용하여 운반하여 보급하여야 한다는 것은 정말로 아이러니한 이야기이다. 지금까지 구노·미보해안의 침식대책에 460억 엔의 거액이 투자되었다. 한 때 인간의 욕심이라고도 할 수 있는 행위로 자연의 균형을 파괴하면, 원래로 되돌린다는 것은 쉽지 않고 오랜 기간에 걸친 노력과 막대한 경비를 필요로 한다는 것을 우리는 인식해야만 한다. 앞에서 설명한 것처럼 "비용" 대 "이익-손실"을 생각하여 보자.

## 4. 하천에서 유출하는 모래의 양

해안의 모래이동에 대한 여러 가지 내용을 접근하기 위해 우선 하천에서 바다로 유입되는 모래의 양은 얼마나 되는지에 대해 고찰하

9) 우리나라에서도 최근 해안공사에 의해 유실되는 해수욕장의 경우, 외부 모래를 운반하여 모래사장에 공급을 하고 있지만, 모래가 이동하는 것을 방지하는 근본적 대책은 되지 않고, 임시방편적인 내용으로, 매년 같은 일이 가중적으로 실시되고 있다.

여 본다. 직접 하구천에서 바다로 운반되는 모래의 양을 정확히 알 수 있으면 제일 좋겠지만, 이와 같은 직접적인 계산은 매우 어렵고, 어렵게 구한다 해도 객관성 있는 유의적 자료를 만드는 것은 쉽지 않다. 그래서 여기에서는 안정된 해안의 경우, 강에서 유출되는 모래와 해안을 표류하는 모래 (표사, 漂砂)는 긴 시간을 주기로 보면 같은 양을 나타낼 것이라는 가정에서, 바다의 표사량을 이용하여 강에서 유출되는 모래의 대략적인 양을 추정한다.

각각의 지역을 대표하는 비교적 큰 하천의 유입되는 해안의 표사량은 宇多高明씨의 저서(책 뒤의 문헌참조)에서 인용하면 표 3과 같다. 일본의 큰 하천에서 연간 대략 10만에서 20만$m^3$ 정도의 모래가 바다로 유출된다. 이 결과의 값을 구체적으로 이미지하기 위해, 중간값인 15만$m^3$을 예로 들어, 이 양을 20톤의 대형트럭으로 운반 한다면, 모래의 비중을 약 1.5로 하였을 때 11,250대가 필요하게 되며,

**표 3.** 일본 주요 각지 해안의 연간 표사 수송량 (宇多, 1997)

| 해안 | 유입하천 | 표사량 (만$m^3$/year) |
|---|---|---|
| 오아라이(大洗) 해안 | 야가강(耶珂川) | 23～30 |
| 후지(富士) 해안 | 후지강(富士川) | 10～12.5* |
| 시즈오카 · 시미즈(静岡 · 清水)해안 | 아베강(安部川) | 10～13.5* |
| 수루가(駿河) 해안 | 오이강(大井川) | 8* |
| 엔슈나다(遠州灘) 해안 | 덴류우강(天龍川) | 23 |
| 고치(高知) 해안 | 니요도(仁淀川) | 14 |
| 미야지키(宮崎) 해안 | 오요도강(大淀川) | 11 |
| 노시로(能代) 해안 | 요네시로강(米代川) | 18 |

* 급경사 해안으로 심해로 유출되는 부분이 많을 것으로 판단되기에 실제는 이 값보다 클 것으로 추정

트럭 한 대의 길이를 가령 10m로 한다면 112.5km의 길이로 연결되는 막대한 양이 된다.

단 표사량의 정확한 계산은 관여하는 항목이 매우 다양하고 복잡하기에 어렵고, 또 외해로 유출되는 모래의 양까지 생각한다면 실제로는 더 많은 양이 될 것이다. 따라서 안정된 해안의 평형상태가 어떤 것인가 하는 것도 문제가 된다. 그러나 이와 같이 하여 추정한 표 3의 각 하천에서 유출되는 모래량은 극히 개략적인 것이기에 시간의 변화와 함께 보다 구체적인 방법에 의해서는 언제라도 쉽게 변화될 수 있는 값이라고 생각하는 것이 좋을 것이다. 물론 하천의 특성과 조건에 의해 변동 범위가 매우 크게 나타나는 경우도 있을 것으로 생각한다.

## 5. 해안침식은 삼림파괴에 의해서도 발생한다

지금가지의 이야기와는 조금 다르게, "숲은 바다의 연인"이라는 캐치프레이즈로 숲과 바다의 관계가 화두가 되는 경우가 많다. 최근의 움직임으로 삼림(森林)파괴가 해양환경은 물론 어장환경의 악화와 어업자원의 감소를 가져오는 하나의 원인으로 이해하여 하천 유역의 식목 운동이 어민들이나 시민단체를 선두로 하여 시작되기도 하였다. 또 삼림파괴는 하천사업만으로 발생하는 현상은 아니지만, 결국 하천을 통해 바다에 영향을 미친다는 내용으로 본서에서 간략하게 언급해 본다. 여기에서는 松田義弘씨 등의 연구결과에 의해 삼림파괴에 따른 연안해역의 광범위한 해안침식의 발생 사례를 소개한다.

여기에 제시되는 사례는 일본 국내의 문제가 아닌, 보다 이해하기 쉽게 하기 위해 열대지역에 위치하는 베트남의 홍수림의 파괴에 따른 해안침식의 사례를 설명한다. 열대 및 아열대의 홍수림(mangrove)[10]은 특정의 나무 종류를 나타내는 것이 아니라 바다나 강의 유역에 있어 바다에서 조석이 밀려올 때에는 수몰하고, 조석이 밀려나가면 건조된 장소에 서식하는 나무들에 의한 숲을 나타내는 말이다. 베트남 홍수림은 프랑스 식민지 시대에는 논으로 전환시키기 위해 대규모적인 채벌이 실시되었다. 게다가 계속하여 베트남 전쟁에서는 미군에 의한 고엽작전에 의해 홍수림을 포함한 삼림은 대규모로 파괴되었다. 고난 끝에 겨우 독립하여서는 국가적 규모에서 식목이 시작되었지만 이전의 숲의 규모로 발전하기에는 아직 역부족 이라 할 수 있다.

남베트남 호치민시의 남방에 위치하는 론보아 해안에서는 오래 기간에 걸쳐 해안침식에 의한 해안선의 후퇴가 계속되었다. 그림 30에는 현재의 해안선에서 과거의 해안선까지 거리의 변천을 나타내지만, 과거 70년에 걸쳐 매년 50m의 속도로 해안선이 후퇴하고 있는 것을 알 수 있다. 이 해안은 천해역이 매우 멀리 퍼져있기에 외해로부터의 파는 감쇠하여 모래를 움직여 해안을 깎을 정도의 힘은

10) 일반적으로는 맹그로브(mangrove)로 불리 운다. 열대와 아열대의 갯벌이나 하구에서 자라는 목본식물의 집단으로 바닷물에서 번성하는 숲이다. 이곳은 어류에서 조류, 포유류에 이르기까지 수많은 생명체의 보금자리가 되는 놀라운 생명력과 환경정화 능력으로 열대 해안의 생태를 지탱한다.

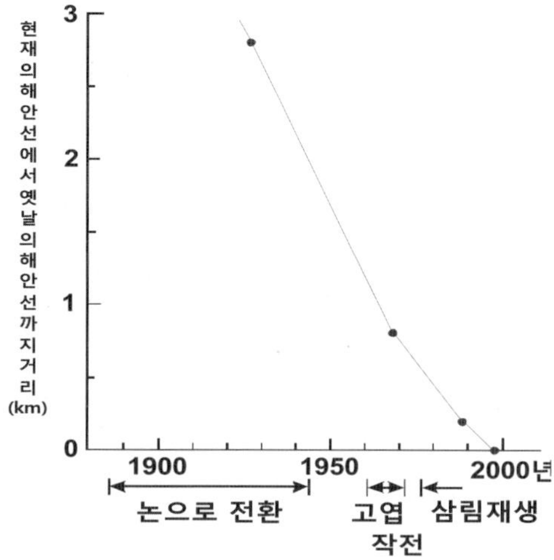


**그림 30.** 베트남남부의 론보아 해안선의 후퇴. 현재의 해안선에서 측정한 각 시대의 해안선의 위치 (松田 등, 2002)

없다. 그렇다면 이 해안침식은 강한 조류의 작용에 의한 것으로 생각된다.

론보아해안에는 무이나이강이 유입되며, 강의 하구역에는 광활한 홍수림이 형성되어 있고, 조석에 따른 조류가 하천 밀고 올라가는 것과 내려오는 것(낙조류와 창조류)에 대응하여 하천수가 범람을 반복한다. 이와 같은 범람원이 없는 같은 규모의 일반적인 하천에 비교하여. 홍수림을 가로지르는 무이나이강은 많은 해수가 왕복하여 강에는 더욱 강한 조류가 발생하게 된다. 이것은 또 하천과 연결된 외측의 론보아해안의 조류를 강화시키는 원동력이 된다. 이와 같은 결과는 실제 현지의 조석관측의 결과에서도 확인이 된다.

인위적인 행위에 의해 오랜 기간 홍수림이 계속하여 감소한다면, 범람하는 흐름을 방해하는 홍수림이나 지면의 저항이 약해지게 되

**사진 15.** 열대 및 아열대 해역에 발달하는 홍수림(mangrove)

어, 결국은 해수의 유출입이 많게 되고, 그에 따라 조류도 점차 강해진다. 이 결과 무이나이강이 유입되는 론보아 해안도 조류가 강해져서, 조류에 의한 해안침식에 강하게 나타나면서 앞의 그림 30에서 보여주는 것과 같이 해안침식이 매우 심하게 진행된 것으로 생각할 수 있다. 그리고 일반적으로 하천의 감조역[11)]에서 강한 조류는 창조류에 발생한다. 그러나 이와는 반대로 홍수림의 범람원을 가진 강에서는 만조가 되어 올라온 물이 일제히 내려오기 시작하고, 또 홍수림이 물에 의해 가득 채워져 저항도 작어지기에 낙조류에 가장 강한 조류가 발생하는 흥미 있는 결과를 나타낸다. 따라서 같은 성질을 가진 해안의 조류로 부유된 모래나 펄 입자는 낙조의 방향, 즉 해안을 따라 하구에서 멀리 떨어진 방향으로 운반되어 사라지기 때문에 해안침식을 더욱 촉진시키는 것으로 판단할 수 있다. 이렇게 하여

11) 하천의 하구에서 조석의 영향을 받는 수역을 나타내는 용어

발생한 해안 침식은 삼림면적이 감소가 계속되는 과도 상태에 보이는 현상이라 할 수 있다. 단 해안변형의 과정은 매우 복잡하고, 미묘하기에 여기에서는 홍수림의 소멸 이외에 다른 요인을 추가하여 생각해야할 지도 모르겠다. 그렇지만 삼림파괴에 동반하여 홍수림에서 멀리 떨어진 해안에 중대한 영향을 미칠 수 있다는 것은 산림과 바다의 관계를 생각할 때, 매우 귀중하고 중요한 내용을 시사하고 있는 것이라 할 수 있다.

| Supplementary Box |

## 해사채취와 표사유출

해사채취과정에서 여수토에 포함되어 해사채취선에서 배출된 입자가 주변해역으로 이류·확산하는 모습을 항공사진이나 위성사진에 의해서도 쉽게 확인된다. 그러나 여수토에 포함된 모래입자에서 비교적 크기가 크고, 무거운 입자는 채취선 인근에서 1km 범위를 벗어나지 않은 해역에서 바로 침전된다. 하지만 직경이 10㎛보다 작은 미세입자는 해사채취해역에 쉽게 침전되지 않고 오랜 시간 부유하면서 확산되거나, 일부 침전된 미세입자도 외부의 환경변화 등에 의해 쉽게 재부유 되어 넓은 범위의 해역에서 해양환경에 다양한 영향을 미치는 것으로 알려진다. 또한 이들 미세입자는 부유사 확산 등 일반적 모델식에 의해 계산되는 것보다 매우 낮은 침강속도를 나타내기에, 국내에서처럼 현장 조사없이 확산모델에 의존하여 확산범위를 산정하게 되면 그 영향이 과소평가되게 되는 것을 지적하고 있다.

미세입자의 확산은 해수의 투명도를 저하시키는 원인이 도기도 하지만, 낮은 침강속도에 의해 낮아진 투명도의 회복이 매우 느리게 나타난다. 바다에서 식물플랑크톤이 광합성을 하기 위해 필요한 광량은 해수면 직하 광량의 1% 이상 되어야 하고, 이와 같은 광량이 도달하는 수심까지를 유광층이라 부른다. 바다에서 투명도가 저하되어 유광층이 얕아지면 식물이 광합성을 할 수 있는 범위가 축소된다. 僑本 등(2006)은 바다모래 채취에 따른 높은 농도의 현탁수 중의 현탁물 입자에 의한 투명도 저하를 예측하였다. 그 보고에 따르면 조사대상 해역의 투명도는 약 6 m이지만, 바다모래 채취를 약 4시간 실시하여, 그 이후는 높은 농도의 현탁수가 배출되지 않은 것을 가정한 경우, 현탁수의 배출이 종료되면 현탁물 입자의 농도 저하와 함께 투명도도 회복하지만, 투명도가 저하되는 범위는 확대되어, 투명도가 4 m 이하의 범위는 배출점에서 대략 4 km까지 확대되었다. 더욱이 영향범위가 거의 소멸하는 38시간 뒤에도, 배출점 부근의 투명도는 4m 이하이고, 48시간이 지나도 배출점 부근의 투명도는 약 4.5 m로 완전하게 회복되지 않는 것으로 보고하고 있다.

또한 이들 미세입자는 오랜 시간 주변해역에 부유하면서 넓게 확산되어 천해역에 서식하는 해조류의 잎에 부착하게 된다. 미세입자가 해조류의 잎에 부착하게 되면, 해조류가 성육에 필요한 포화광량의 부족에 의해 해산식물의 현존율이 현저하게 저하되는 것이 알려진다. 그리고 최근의 연구에서 해조류 및 해양생태계에 영향을 미치는 부유물은 하천 등에서 유입되는 부유물보다 해사채취 및 준설 등에 의해 발생하는 미세입자에 의해 해조장이 소멸되는 등 막대한 피해를 입히는 것으로 알려진다.

**사진 16.** 하천을 통해 바다로 유입된 모래를 바다의 흐름에 의해 외부로 유출되고, 유출되는 양만큼은 다시 강에서 공급되어야 한다. 그러나 댐이나 둑에 의해 토사공급이 차단되면, 파랑이나 조류 등에 의해 외부로 유출되는 모래만큼 공급되지 않아 해안에서는 침식이 발생한다. 우리나라 서해안의 바다모래 채취에 따른 침식도 이와 같은 이유에서 발생할 가능성이 크다. 그러나 정상적인 하천에서의 공급이 이루어지면 하구역에는 풍부한 모래톱이 형성된다. 사진은 남해의 배태적 경제해역(EEZ)에서 이루어지는 바다모래 채취모습이다. 모래채취가 실시는 해역은 욕지도 남방 50km 인근해역으로 수천년 전 빙기에 해수면 하강에 의해 섬진강에서 유출된 토사에 의해 형성된 삼각주가 해수면 상승으로 현재 바다밑에 대규모의 모래톱의 형태로 남아 있는 것으로 바다모래는 부산 신항만 공사에 공급되고 있다.

제9장

# 어장을 괴멸시킨 구로베강 다시히라 댐의 모래 배출

**앞쪽 사진**

연안갯벌은 하천에서 유입된 미세토사에 의해 형성된다. 사진은 소규모 갯벌에 의해 형성된 시골 촌락의 어항으로 한가로운 평온함에 갈매기의 쉽터를 형성하고 있다.
(태안 인근의 어촌마을에서 갯벌에서 먹이와 휴식을 취하는 바다 새의 여유로움)

제 6장과 제 7장에서 조석과 해수의 영향을 받는 강 하류에 하구둑을 건설하면 둑의 상류는 물론 하류에서도, 그리고 바다 환경도 나빠지는 것을 살펴 보았다. 한편 강의 상류나 중류에 건설된 댐이 바다에 미치는 영향의 전형적인 예로서 나일강의 아스완하이댐의 경우를 이미 제 1장에서 취급하였고, 바다에서 멀리 떨어져 있지만 바다에서 댐의 영향을 강하게 받고 있는 내용을 소개하였다. 댐이 바다에 미치는 영향 인자로는 취수에 의한 하천수의 감소, 하천수가 운반해온 물질의 감소, 연안의 연직순환의 약화, 방류시의 강한 흐름의 발생, 댐의 모래 퇴적에 의한 해안의 지형변화, 어류의 소상를 방해함으로 인한 수산자원변동 등이 있으며, 이들 각각에 사례에 대해서 지금까지 설명하였다. 그렇지만 더욱 폐쇄적인 댐 호수에서 발생하는 오염물질이 바다로 유출이라는 중요한 문제가 남아있다. 따라서 본 장에서는 이 문제를 포함하여 구로베강(黑部川)의 댐, 다음 장에서 구마강(球磨川)의 댐을 예로 하여 하천 댐이 바다환경에 미치는 영향의 실태를 고찰하여 본다.

## 1. 오염원이 되는 댐 호수

댐으로 가두어진 댐 호수도 폐쇄적인 호수이기에 호수의 정체에 의한 수질이나 저질의 악화가 생각될 수 있다. 다만 수질의 악화정도는 지형, 유입되는 물의 수질상황, 기상 등의 자연조건 및 댐의 규모, 저수량이나 댐에서의 방수 조건 등에 의해 다르게 니타난다. 오염된 댐 호수의 방출, 특히 홍수 때에는 방출되는 오염물질 거동이 바다에서 크게 문제가 된다. 댐 호수에서 오염물질의 생성과 거동에 관한 기초적인 이해는 댐이 환경에 미치는 영향을 고려하는 본질적인 내용으로 매우 중요하다. 예를 들면, 미국에서는 댐 호수에 관한 연구 성과가 정리되어 보고 되지만(참고문헌 村上 등 감역: 댐호의 육수학), 일본에서는 통상의 호수나 하구댐 호수에 비하여 댐 호수에서의 수질오염 문제의 계통적 연구는 매우 뒤쳐 있어, 아직도 이해의 정도가 빈약하다. 댐의 사정이 미국과는 다소 차이가 있기에 앞으로의 적극적인 연구 추진 및 결과에 많은 성과를 기대하여 본다.

댐 호수에는 표층의 광합성에 의한 생물 생산량은 호수의 조건에 따라 매우 다르나, 주변에 영양분이 풍부한 도시 생활하수가 유입하기 쉬운 하구 둑만큼 높지는 않을 것이다. 그러나 대부분의 댐 호수에서는 주변 및 상류로부터 상당한 양의 유기물이나 낙엽, 더욱이 고사된 나무 잔해 등이 유입된다. 댐 호수에 유입된 이들 삼림 기원의 유기물은 점차로 호수 밑바닥에 침강, 퇴적되어 미생물에 의해 분해되면서 수중에 녹아 있는 용존산소를 소비 한다[1]. 특히 일사량이 증가하여 댐 호수의 물이 가열되어 높은 수온을 나타내는 시기에는 표층과 저층사이에 밀도성층[2]이 강하게 발달되고, 저층에서 유기물에 의한 용존산소의 대량 소비로 빈(무)산소 상태의 수층이 형성

1) 이와 같이 수권에서 유기물의 분해를 위해 세균 등 미생물에 의해 소비되는 용존산소의 양을 생물학적 산소요구량(BOD, Biochemical oxygen demand)라고 한다. 즉 BOC, COD는 수중에 분해할 수 있는 유기물의 양을 나타내는 지표이다.

2) 수온약층과 유사한 용어로 제3장 supplementary box에서 설명한 성층의 의미.

된다. 이와 같은 과정이 매년 반복되면 댐 호수의 저층에는 유기오염에 의해 환원 상태로 변화된 헤도로(유기오염된 퇴적물)가 두껍게 퇴적되어 오염퇴적층을 형성한다.

그림 31에는 구로베강(黑部川, 그림 12의 내삽지도)의 다시이라(出し平) 댐 호수에서 침전 축적된 표층퇴적물의 화학적 산소요구량(COD, chemical oxygen demand) 분포를 나타낸 것이다. 건조한 펄 1 g에 포함된 유기물을 분해시키는데 소모된 산소를 mg의 단위로 나타낸 것으로 댐 호수의 상류 하천부에는 매우 낮아 0.1이나 0.2 정도의 농도를 보이지만, 이들이 유입되어 정체되는 댐 호수에서는 14.3~

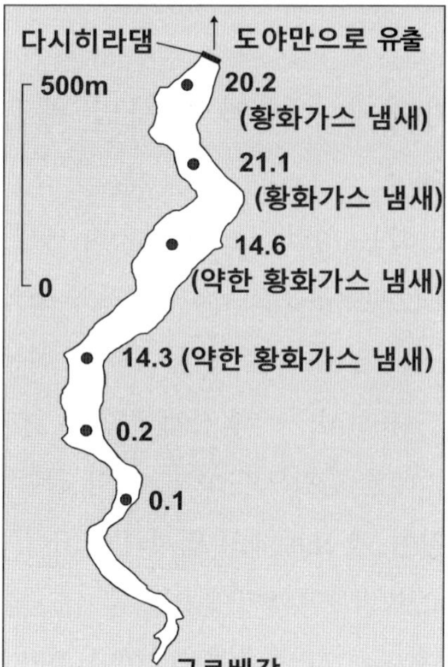


**그림 31.** 구로베강(黑部川) 다시이라(出し平)댐 호에서 침적 펄의 COD (mg/g)의 분포. 1992년 10월 5일 日本水産資源保護協會(1993) 자료를 근거로 작성

21.1 이라는 매우 높은 농도를 나타내었다. 즉 호수 내부의 농도는 상류에 비하여 100~200배 크게 나타났으며, 이와 같이 높은 저층 퇴적물의 COD농도를 보이는 곳에서는 용존산소가 고갈되어, 환원 상태의 환경으로 변화하게 되며, 유독가스인 황화수소가 발생하여 계란 썩는 냄새와 같은 악취를 발생시킨다. 환원상태로 변질된 저층의 펄은 검게 변색되어, 펄을 채취하는 것만으로 시각적으로 환원층의 정도를 쉽게 확인할 수 있다. 이 과정에서 경우에 따라서는 댐 호수의 밑바닥이 매우 극심하게 오염이 진행되는 사례도 종종 발견된다.

## 2. 다시히라댐에서 오염 토사의 배출

구로베강(黑部川)에는 영화 "구로베(黑部)의 태양"으로 유명한 구로베 제 4댐(일명 쿤욘(黑四)댐)을 포함하여 5개의 댐이 집중적으로 위치한다. 겨울에 적설이 많은 북알프스를 원류로 하는 구로베강은 하천의 경사가 급한 급류로서 수력발전에 적합한 입지조건을 나타낸다. 급경사의 조건은 다른 한편으로 보면, 강한 급류에 의해 주변의 많은 토사를 침식하여 댐 호수에 유입시키게 되어, 댐 호수에는 토사의 대량 퇴적으로 댐의 저수용량을 감소시키고, 결국 댐의 내구연수를 줄이는 단점으로도 작용하게 된다. 이에 따라 다시히라(出し平)댐에서는 댐의 수명을 연장시키기 위해 댐의 물을 배출하는 통상의 배수관문과는 별도로 댐의 아래 부분에서 퇴적된 모래를 배출할 수 있도록 배사관문을 설치하여, 일정 기간 모여 퇴적된 토사를 배출할 수 있도록 고안되었다. 다시히라 댐에서의 처음 배사는 1991년 12월에 실시되었다.

배사할 때에 댐 호수의 밑바닥 퇴적물은 위에서 설명한 것과 같이 유기오염물질을 다량으로 포함하는 헤도로 퇴적층이기에 댐 호수의 토사 배출은 구로베강이 유입되는 연안해역의 어업활동에 괴멸적인 타격을 주게 되었다. 신문보도에 따르면 댐 관리 주체인 간사이(關西)전력은 "토사가 그렇게 변질될 것으로는 생각하지 못했다"라는 예측 잘못을 인정하여 도야마현(富山縣) 수산업협동조합[3]에 피해보상을 했다는 것이다. 다만 이때의 어업피해 보상은 암보상으로 보상금은 실제 크게 피해를 입은 어업인에게는 참새의 눈물 정도로 소액만이 지불되었고, 보상금의 전체 금액도, 지출된 금액의 행방도 지금까지 피해를 입은 어업인들조차 그 내역을 분명하게 알지 못하고 있다는 상식 이하의 현상으로 현재에도 커다란 사회문제가 되어 있다. 피해보상 문제와는 별도로 댐의 관리주체가 이런 상황을 예측하지 못하였다는 것은 오염원으로서 댐의 기능에 대한 인식이 매우 부족함을 극명하게 나타내는 내용이라 할 수 있다. 즉 이 책이 주제인 댐 등으로 대표되는 하천사업이 바다에 미치는 영향이 지금까지도 정당하게 인식되지 못하고 있음을 여실히 증명해주는 사례라고 할 수 있다.

---

3) 우리의 어촌계나 수산업협동조합과 같은 조직이지만, 도 단위 조직이기에 수산업협동조합으로 번역하였음.

## 3. 연안어업은 괴멸적 타격을 받았다

모래 배출 시작 이후에 영향이 극심함에 놀란 수산업협동조합에서 신고가 있어, 모래 배출 작업은 3일 만에 중지되었다. 그 사이에 배출된 모래의 양은 46만$m^3$에 달하였다. 앞에서 설명하였지만 지역을 대표하는 하천에서 바다로 유출되는 모래의 유출량은 일년에 10~20만$m^3$ 정도이기에, 3일간의 배사량은 이것의 몇 배가 되어, 바다로 유출된 모래가 얼마마한 양이지는 대략적이나마 알 수 있을 것이다. 이 때 그림 32에 나타낸 것과 같이 하구에서 외해로 3km, 길이 5km의 넓은 범위가 검은 오탁수에 의해 덮히는 결과를 나타내었

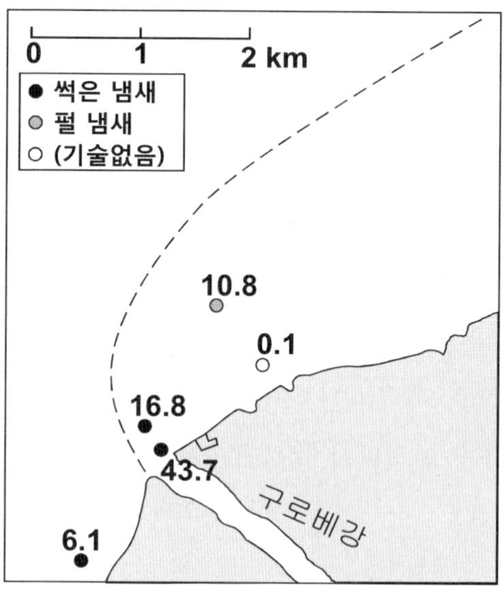


**그림 32.** 구로베강(黒部川) 다시이라(出し平)댐에서 배사에 의한 구로베강 하구부근에서 탁수의 확산범위(파선)와 배사의 약 1개월 후에 저질의 COD (mg/g-dry, 건중량)의 분포 (日本水産資源保護協會, 1993 변경)

다. 한편 해저에도 그림 32에 나타낸 것과 같이 배사 이후 1개월이 지난 다음에도 유기오탁 퇴적물상으로 검은 저질이 확산되어 악취를 발생시켰으며, 하구 부근의 퇴적층 COD는 실로 43.7 ㎎/g[4] 이라는 큰 값을 나타내었다.

이 때문에 오염된 퇴적토사의 배출로 하구주변 해역을 주 대상으로 하던 어업활동은 괴멸적 타격을 받았다. 참의원 농림수산위원회에서 수산청 장관이 토사 배출에 의한 피해는 "구로베[5] 시외까지 확산되어 정치망, 자망, 미역양식어업 뿐만 아니라 넙치, 가자미, 전복,

**사진 17.** 방조제에 의해 차단된 인공호수에서 바다로 방출되는 담수(새만금 방조제)

4) 우리나라는 아직 저질기준이 정립되어 있지 않지만, 일본에서 수산용수로 이용할 수 있는 펄 COD의 상한 기준은 20 ㎎/g-dry로 설정되어 있다.

5) 위치는 부도 D 참조.

소라 등 대상 수산자원을 대량 폐사 시키는 어업피해가 발생하였다" 라고 답변하였다. 대중 매체에 의해 상영해준 유기오염퇴적물 속에 죽어 있는 어류의 무참한 영상이 아직도 머릿속에 뚜렷이 남아 있다. 이후에도 보리새우 어업, 보리멸 망어업에 대해서는 현재 폐업 상태, 미역양식은 휴업상태이고, 기타의 어업에 대해서도 전반적으로 부진이 지속되고 있다.

## 4. 그럼에도 배사가 계속되는 불가사의

그런데 놀라운 사실은 이 사건 이후에도 몇 번에 걸쳐 댐 저층의 오염퇴적물의 배사가 계속되고 있다는 것이다. 특히 1995년에는 수해에 의해 대량으로 모아진 토사를 배출한다는 이유로 172만$m^3$의 오염 토사를 배출시켰다. 그 이후에 타시히라(出し平)댐의 하류에 새롭게 우나츠기(宇奈月)댐이 완성되었고, 이제는 두 개의 댐이 연대하여 배사 관문을 열어 오염 퇴적물의 배사를 실시하고 있다. 기타 주요한 배사 및 배사량은 1995년에 수해 이외로 85만$m^3$, 1997년에 46만$m^3$, 1998년에 34만$m^3$, 1999년에 70만$m^3$이다. 처음 배사에 의한 어업피해가 회복되지 않은 상태에서 배사는 계속하여 이루어지고 있는 것이다. 이와 같은 댐 호수에서 배출되는 오염토사로 어업부진은 계속되어 회복할 수 없는 상황으로 발전되고 있다.

현장에서 피해를 입은 어업인들은 댐 관리자에 의한 토사배출의 지속은 어업인의 고통과 노여움을 무시하는 것이고, 댐이 바다에 미치는 영향을 전혀 이해하지 못하는 것으로 도저히 용납할 수 없는 일이라고 간사이전력에 강하게 항의하고 있다. 이와 더불어 간사이전력만이 아니라 배사를 승인해준 도야마현이나 수산업협동조합의 대응에 대해서도 이해할 수 없는 처사라는 불신의 소리를 높이고 있다. 최초의 배사 이후에 간사이전력이 도야마현 수산업협동조합에 보상을 해준 것은 배사의 나쁜 영향을 인식하고 있기 때문이라 생각된다. 그럼에도 불구하고 어민의 항의를 무시하면서 계속하여 실시되는 배사는 이해할 수 없는 불가사의라 할 수 있다. 그러나 간사이전력은 현지조사와 시뮬레이션의 결과를 기본으로 배사가 바다에 미치는 영향은 무시할 수 있다는 결론을 얻었기에 토사 배출을 계속하고 있는 것으로 설명하고 있다.

## 5. "영향은 무시할 수 있다"라는 결론은 바른 것인가?

다시히라(出し平)댐의 호수 저층의 표층퇴적물의 유기오염분포를 나타낸 앞의 그림 31은 최초의 모래 배출이 실시되고 난 이후 약 10개월 후에 측정한 결과이다. 즉 모래 배출 이후 겨우 10개월에 댐 호수 내부에는 그림의 결과와 같이 오염된 유기퇴적물이 퇴적하기에 호수 밑바닥에서 유기오염된 헤도로의 퇴적은 매우 빠르게 진행되고 있다고 할 수 있다. 토사가 배출될 때에는 이전의 모래 배출이

실시된 이후에 새롭게 퇴적된 헤도로가 매우 클 것으로 판단되기에 모래 배출이 계속되어도 댐 호수 내부의 헤도로 퇴적은 계속 증가하게 된다. 사실 구로베강(黑部川)의 모래 배출문제를 10년 이상 조사 연구한 田崎和江씨 등의 연구그룹에 의하면, 1년 정도의 기간에서도 댐 호수의 퇴적물은 빈산소로서 혐기적인 퇴적물로 변화하는 것을 나타내고 있다. 또한 모래 배출 때에는 흑색 오탁수가 넓게 확산되는 것이 관찰되며, 오탁수의 수질이 환원적인 빈산소 상태로서, 확산되는 오탁수에서 4종류의 편선 혐기성 세균이 서식하는 것도 배양실험 결과 확인되었다. 더욱이 배출되는 모래의 양도 막대하여 1995년 모래 배출의 경우에는 일본의 대표적 하천에서 바다로의 유출되는 모래량의 약 10년분이 한꺼번에 배출되었다.

오염된 토적물을 포함하는 토사 배출량이 일본의 대표적 주요 하천에서 바다로 수년에서 10년 동안 유출되는 모래량에 해당하는 막대한 양이 바다로 유출되고 있음에도 불구하고, 연안해역의 지형, 바다 환경 및 어업 활동 등에 미치는 영향은 무시할 수 있을 정도로 미약하다. 이와 같은 환경 영향평가의 결론은 극히 일반적인 상식으로 보더라도 도저히 믿을 수 없는 것이다. 조사결과에 무엇인가 매우 잘못되어 있다는 생각을 떨쳐버릴 수 없다. 또 처음 모래 배출 이후에 10수년이 경과하였지만 지금까지 어업피해가 계속되어 회복되지 않는 현상을 환경영향평가에서는 어떻게 설명하고 있을까? 더욱이 다음의 11장 사례에서 구체적인 내용을 제시하지만, 문제가 되는 해역의 하천사업에 따른 환경영향평가서의 내용 및 결과 제시에서 중요하게 이용되는 댐 건설이 바다에 미치는 영향에 대한 수치 시뮬레이션의 계산 정도는 매우 낮고, 결과의 신뢰성에 대한 객관성은 확보되지 못한 상태라고 할 수 있다.

이와 같은 이유에서 모래 배출에 따른 바다의 환경영향평가는 과학적으로 세밀하게 실시되었다고 보기 어렵다. 구로베강(黑部川)의 경우에 필자가 환경영향평가의 보고서를 정밀하게 볼 수 있는 기회가 없었고, 일반인을 대상으로 하는 간단한 PR자료를 참고하여, 위에서 기술하는 일반 상식으로는 이해하기 어려운 평가결과에 강한 의구심을 나타내는 바이다. 이렇기 때문에 평가에 따른 예측정도의 신뢰성을 명확하게 확인하는 것은 반듯이 필요하며, 이를 위해서는 다음 2개 사항의 구체적인 재현 계산결과의 공개가 필요하다. 이와 같은 내용이 재현되고 있다면, 사용한 모델에서 계산된 결과의 신뢰성은 매우 높다고 평가할 수 있다.

**(1) 댐 호수에 대하여 :** 처음 모래 배출의 10개월 후에 그림 31에 나타낸 저질의 오염 펄이 발생하고 있다. 간사이(關西)전력이 예측계산에 이용한 수질의 계산 모델에서도 이와 같은 결과가 재현되고 있는지에 대한 평가가 필요하다. 이것은 또 하나의 모래 배출 후에 실시된 다음의 환경영향평가의 초기조건 설정에도 중요한 자료를 제공한다.

**(2) 해역에 대하여 :** 처음의 모래 배출 이후에 매우 구체적으로 조사된 오염상태와 생태계나 어업피해의 실태에 관한 지식은 재현 계산에 있어 둘도 없는 중요한 대상이다. 재현 계산에서 이들의 실태가 표현되고 있는 것인지? 어떨 것인지를 나타내는 것은 필수 불가

결한 내용이다.

바다의 자연은 바다를 생활장으로 하는 어업인만이 아닌 모든 국민이 공동으로 영위할 수 있는 극히 귀중한 재산이다. 이 공동재산에 대하여 간사이전력은 예측계산에 근거하여 나쁜 영향은 없다고 공언하고 있다. 따라서 위에서 제시하는 두 건의 내용에 대해 실현 가능한 예측계산의 신뢰성을 검증하는 것은 기업이 국민에 대한 책임이라고도 할 수 있다. 또 구로베강(黑部川) 댐의 모래 배출 평가위원회에서도 이들에 대한 검증을 확인시켜 줄 것을 강력히 요구한다.

| Supplementary Box |

### 시화호 오염 사례

시화호는 경기도 시흥시, 안산시, 화성시 등에 둘러싸인 경기만 해역을 1987년 4월부터 1994년 1월까지 6년반에 걸쳐 대부도와 화성을 잇는 불도, 탄도, 대선방조제와 시흥시 오이도와 안산시 대부도 방아머리를 잇는 주방조제로서 시흥과 화성을 연결하는 방조제에 의해 형성된 인공호수이다. 이름은 시흥과 화성의 앞글자를 따서 붙였으며, 면적은 56.5$km^2$이며, 방조제 건설에만 약 6200억원의 사업비가 소요되었다.

시화호는 방조제에 의해 형성된 인공호를 담수화하여 인근 간척지에 농업용수를 공급할 목적으로 개발되었다. 그러나 방조제 완공이후 호수 주변의 공단과 안산시 등의 대도시에서 공업폐수 및 생활하수가 다량으로 유입되면서 심각한 수질오염 문제를 발생시켰다. 오염된 수질은 여러 가지 수질개선 노력에도 불구하고 완성 후 3년도 되지 않아 '죽음의 호수'로 변하였다. 이후 시화호는 국내의 대표적인 수질오염 사례로서 환경오염의 대명사로 불리워지게 되었고, 원래 담수호의 계획은 수포로 돌아갔다.

시화호 수질이 급속하게 악화되면서 호수 주변에서는 다양한 환경문제가 발생하였다. 1995년에는 시화 간척지의 염분분말과 오염퇴적물이 바람에 날려 화성군과 안산시 대부도 일원의 포도 과수원에 피해를 발생시켰고, 1996년 8월에는 수십만 마리의 물고기가 떼죽음을 당하였다. 이에 정부에서는 1996년『시화호 수질개선대책』을 발표하였으며, 환경기초시설 신・증설, 하수관로의 정비 등 유역 오염원 차단대책과 함께 인공호수 내부의 수질오염 개선 대책으로 배수갑문을 통한 해수 교환 방안이 제시되었고, 1997년 3월부터 배수갑문에 의한 해수교환을 실시하였다.『시화호 수질개선대책』이 본격적으로 시행된 1997년을 정점으로 하여 시화호 수질은 급속히 개선되는 양상을 보여, 1999년 이후는 COD 4~5ppm을 유지하고 있다. 그러나 배수갑문에 의한 수질개선에도 불구하고 1998년 이후 매년 여름에는 간척지 인근의 호수에서 해양생물의 폐사가 발생하는 등 수질오염에 의한 각종 폐해는 지속되었다. 이에 따라 1998년 11월 정부는 시화호의 담수화를 사실상 포기하였고, 12월 농림부도 시화호 물을 농업용수로 사용하지 않는다는 방침을 공식 표명하였다. 2000년 2월에는 해양수산부 역시 시화호 및 인천 연안을 특별관리해역 시범해역으로 지정하여 관리하게 되었고, 2001년 2월에는 공식적으로 해수호로 인정하였다.

시화호 수질오염의 주원인은 외부에서 유입되는 자연수에 비해 호수의 용량이 너무 커서 호수가 순환되지 않고, 외부에서 유입된 물질이 활용 및 이용없이 퇴적된 것, 인공호수 유역에 대규모 공단 및 대도시 형성으로 오염물질이 대량 유입된 것, 공단 유역에서 우수로 배출구에 공장의 폐수관이 연결되어 처리되지 않은 폐수가 직접 호수에 유입, 그리고 안산하수처리장의 처리예측 잘못으로 용량이 부족해 유입되는 폐수 일부가 그대로 시화호로 방류되는 것 등을 들 수 있을 것이다.

시화호는 시화호 수질개선대책이 본격적으로 시행된 '97년을 정점으로 하여 시화호 수질은 급속히 개선되는 양상을 보여, 1999년부터는 COD 4~5ppm 수준을 유지하고 있지만 더 이상의 개선 양상은 보이지 않아, 정부에서는 호수 내부에 인공습지를 조성하고 운영 중이며, 현재 시화방조제에 25만kw의 세계 최대규모 조력발전소 건설을 추진하고 있다. 조력발전소 건설이 완공되면 하루에 1억 6천만톤의 해수가 추가로 교환될 수 있을 것으로 예상되며, 이와 같은 해수교환양은 현재의 약 6배에 해당하는 양이다. 따라서 향후 조력발전소가 건설되면 청정에너지 생산이라는 본래의 목적은 물론 해수유통량 증대를 통한 시화호 수질개선에도 크게 기여할 것으로 기대된다.

**사진 18.** 인접하는 육상에서 생활하수 유입으로 풍요로운 생물 생산장을 형성하는 내만의 정겨운 풍경. 사진은 여자만 내의 자연 항구에 평화롭게 하루를 마감하는 소형 어선들

## 제10장

# 구마강 댐 건설 이후의 야츠시로만

**앞쪽 사진**

바다의 협수로에서 형성되는 빠른 유속을 이용하여 멸치 등 어류를 포획하는 매우 원시적이면서 소극적 어구 일종인 죽방렴 어구의 모습. 자연에 순응하며 필요한 만큼의 어획으로 생활을 영위하는 인간의 생활 모습을 엳 볼 수 있는 어구로서 현재 남해도 일원에서 보여 진다. 하천 공사로 배출되는 담수 유입의 감소에 의해 연안해역이 유동장이 변화하면 이와 같은 어구의 어법도 불가능하게 된다.

일본의 3대 급류 중의 하나로 격류타기[1]나 대형의 은어로 유명한 구마강(球磨川)은 야츠시로만으로 유출된다. 구마강에는 그림 33에 나타낸 것처럼 이미 3개의 댐이 건설되어 있다. 하류에서 상류로 올라가면서 아라세(荒瀬)댐, 세도이시(瀬戸石)댐, 이치후사(市房)댐으로 그 순으로 완성되었다 댐의 용량과 건설연도 등은 표 4에 나타내었다. 댐 건설이 진행됨에 따라 바다의 환경이 악화되고, 어업이 쇠퇴가 진행되었던 내용은 이미 제 1장에서 어업인의 증언으로 소개하였다. 여기에서는 그와 같은 결과를 발생시킨 이유에 대해서 구체적

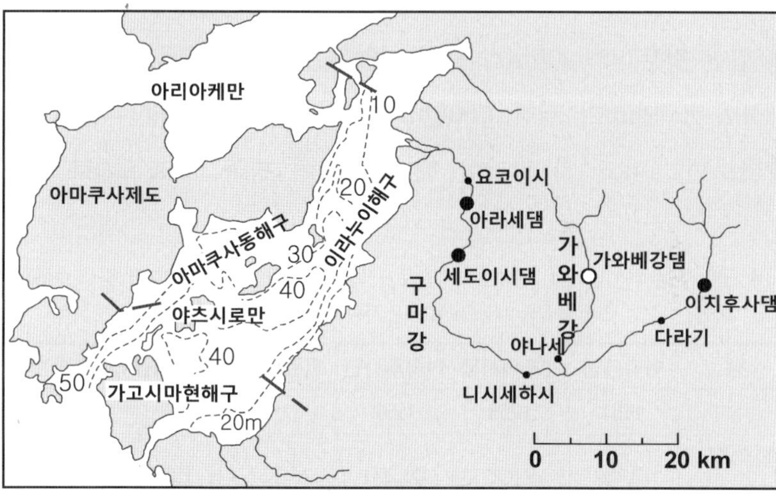


**그림 33.** 구마강(球磨川)에 이미 설치된 3개 댐(●)과 건설예정의 가와베강(川辺川)댐(○) 및 야츠시로만의 등심선(m)과 구분된 3개의 해구. 진한 파선은 개략의 해수경계(소속어협범위) 점선은 등사선을 나타낸다.

---

1) 일반적으로는 래프팅(rafting or white water rafting) 또는 뗏목타기로 불리우며, 물 흐름이 강한 강이나 수계에서 고무보트 형태의 뗏목을 타고 즐기는 매우 도전적인 스포츠의 일종으로 1970년 중반이후 세계 각지에서 인기를 누리고 있고, 국내에서도 동강 등에서 쉽게 경험할 수 있다.

으로 살펴보기로 하자.

## 1. 댐 호수의 토사퇴적에 의한 토사유출의 격감

제 8장에서 하천에서 방출되는 토사의 감소가 바다에 미치는 영향에 대해서 살펴보았다. 구마강의 경우는 어떠한가? 국토교통성의 자료를 근거로 댐 건설 이후 2000년까지의 모래 퇴적량과 하천에서 채취된 모래량을 구하여 표 4에 나타내었다. 3개 댐의 토사 퇴적량을 합한 것은 약 480만㎥, 모래 채취량은 약 220만㎥로서 이 둘을 합하면 700만㎥가 된다. 700만㎥의 모래가 얼마나 많은 양인가를 살펴보면, 14km²의 광활한 해저 표면에 평균 50㎝두께로 모래

**표 4.** 구마강 유역의 댐에서 2000년까지의 토사 퇴적량과 하천에서의 채취량 및 치수목표는 80년간 댐의 모래 퇴적량 (국토교통부의 자료를 근거로 작성)

| 댐 | 아라세댐 | 세도이시댐 | 이치후사댐 | 기존댐 계 | 가와베강 댐 | 총계 |
|---|---|---|---|---|---|---|
| 건설년 | 1954 | 1958 | 1959 | - | - | - |
| 총저수용량 (백만m³) | 10.137 | 9.930 | 40.200 | 60.267 | 133.000 | 193.267 |
| 연간 토사 퇴적율(%) | 0.226 | 0.153 | 0.183 | - | 0.203 | - |
| A | 1.075<br>- | 0.655<br>- | 3.095<br>- | 4.825<br>2.200 | -<br>- | -<br>- |
| B | 1.833 | 1.215 | 5.885 | 8.933 | 21.600 | 30.533 |

A: 2000년까지의 토사 퇴적량과 모래 채취량(백만m³), B: 치수 80년간의 추정 토사 퇴적량(백만m³)

를 쌓을 수 있는 양이다.

퇴적된 토사량을 댐 건설 후의 평균기간 43년으로 나누면 1년에 약 16만$m^3$이 퇴적된다는 계산이 된다. 제 8장에서 설명한 것과 같이 일반적으로 지역을 대표하는 큰 하천에서 1년에 바다로 유출되는 모래량이 10~20만$m^3$ 정도였다. 따라서 연간 16만$m^3$라고 하는 많은 양의 모래가 야츠시로만(八代海)으로 유출 되고 있다는 것은 지금까지 설명한 것처럼, 토사가 유입되는 바다에서의 영향은 당연히 막대할 것으로 판단할 수 있다. 만일 구마강(球磨川) 개발이 다양한 연안개발과 동시에 진행되었던 야츠시로만이 아니라 시즈오카(靜岡)나 시미즈(淸水) 연안과 같이 파도가 거칠고 인위적 개발영향이 비교적 적은 해안이었다면, 토사유출의 저감에 따른 바다환경에서 해안침식 등 다양한 변화양상의 결과를 시각적으로도 명확하게 확인할 수 있었을 것이다.

이와 같은 내용은 최근 道前香諸里씨와 石賀裕明씨가 구마강 하구역의 갯벌 퇴적물에 포함된 희귀 토양성분의 원소 조성 분석을 실시한 결과에서 명확한 증거를 제공하고 있다. 즉 분석결과에 의하면 구마강 기원의 모래는 구마강 하구역 모래의 약 절반 정도만을 차지하고 있다는 놀라운 사실을 밝혀내어, 구마강의 댐 건설이나 하천바닥에서 실시된 모래채취에 의해 강을 경유하여 야츠시로만에 유출되어야 하는 모래가 얼마나 격감하고 있는가를 잘 나타내어 주고 있다.

## 2. 댐 호수 기원의 막대한 오염부하

중앙정부에서 공개된 자료를 기초로 하여 그림 34의 위에 2001년 7월 홍수 기간에 요코이시(横石) 지점의 구마강(球磨川) 유량을, 밑에는 하천의 4개 지점에서 오염부하(COD) 수송량의 시간변화를 그림으로 나타내었다. 각 측정값의 지점 위치는 그림 33을 참고하기 바란다. 최근에 程木義邦씨의 연구에 의하면 2001년 7월 홍수의 경우, 요코이시에서 1일간의 수송량은 평상시와 비교하여 COD에 52배, 총질소에서 16배 그리고 총인에서 74배가 되는 것으로 보고하였다. 이와 같은 결과는 4장에서 동해의 호우에 의한 야하기강(矢的川)의 오염부하의 사례에서 소개하였지만, 홍수시에는 하천의 막대한 오염물질이 매우 짧은 시간에 일시적으로 바다가 수용하기 어려울 정도의 과도한 오염부하를 하고 있다는 것을 쉽게 이해할 수 있는 증거가 된다.

한편 그림 34의 밑에 사면으로 나타낸 것은 니시세하시(西瀬橋)와 요코이시의 구간의 유역에서 가입되는 오염부하량[2)]을 나타내며, 특히 이 구간에서 막대한 오염부하가 이루어지는 것을 알 수 있다. 이곳에서 부하되는 오염부하량은 보다 상류에 위치하는 야나기세(柳瀬)·다라기(多良木)와 니시세하시 사이에서 부하되는 오염부하량 보다 약 COD에서 2.7배, 총질소에서 1.9배, 총인에서 2.3배로 매우 높

2) 오염부하량(-汚染負荷量): 일정 기간에 각종 오염원으로부터 배출되는 오염물질의 총량을 말하는 것으로, 오염물질량은 생물학적 산소요구량(BOD), 화학적 산소요구량(COD) 또는 부유물질(SS) 등으로 나타낸다.

은 값을 나타낸다. 이곳 주변 유역에서 하천으로 유입되는 오염부하의 기원에는 도시, 농경지, 축산, 공장 및 기타 등 다양하다. 위에서 설명한 상류쪽의 구간에는 히토요시(人吉)분지가 위치하여 인구도 많고, 경제활동도 활발하여 강에 유입되는 부하도 많을 것으로 추정된다. 한편 니시세하시(西瀨橋)와 요코이시(橫石)의 구간에서는 유명한 구마강의 급류에 의한 급류타기가 일부 유역에서 이루어지는 것으로부터도 이해할 수 있듯이 산간지가 많고, 유역에서 유입되는 오염부하는 많지 않다. 그럼에도 불구하고 후자의 구간이 개발이 진행된 상류보다도 유입되는 오염부하가 많다는 것은 산간부에 건설되어 오염이 진행된 아라세댐, 세도이시댐 및 이치후사댐에서 유출되

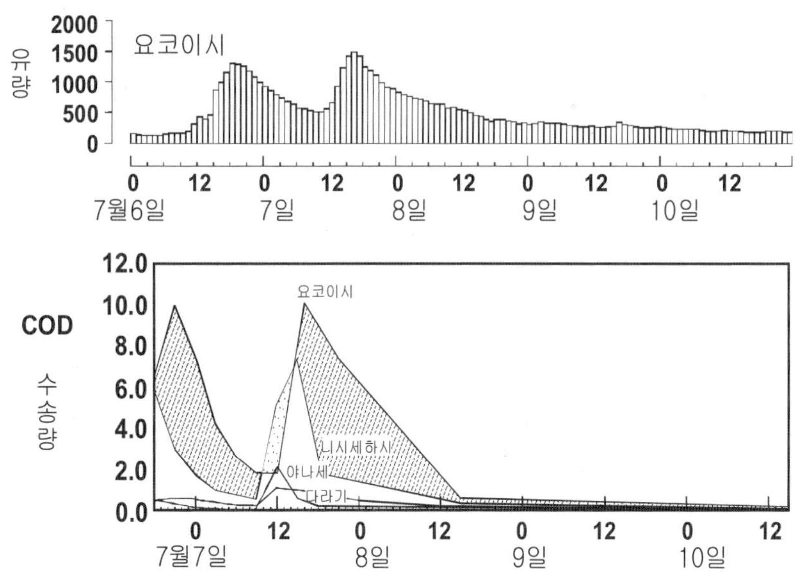


**그림 34.** 2001년 7월 홍수 기간에서 구마강(球磨川) 요코이시(橫石) 지점의 유량(위, $m^3/s$)과 각 지점에서 COD의 수송량 (아래, kg/s)의 경시변화 (국토교통성 외, 2001)

는 오염부하의 기여도가 매우 크게 나타나고 있기 때문이라 할 수 있다.

댐 호수 기원의 오염부하가 해역에 유출되어 극심한 피해를 끼치는 경우는 9장에서 설명한 구로베강(黑部川)의 사례가 좋은 예이다. 구로베강의 사례는 다소 이례적이기는 하지만 구마강(球磨川)의 경우도 홍수시 댐을 통한 방류수에서 1장에서 어업인이 이야기한 것처럼 하구부의 해양환경에 나쁜 영향을 미치고 있다. 뿐만 아니라 댐에서 방류된 오탁수는 더욱 아마쿠사(天草) 방향으로 확산되어 일대 해역의 어장환경을 심하게 변화시키며 때에 따라서는 대규모 적조가 발생하여 막대한 어업피해를 발생시킨다. 또 댐 기원의 오염물질이 해역에 미치는 영향에서 특히 주목할 점은 어업인의 증언에서 설명한 것과 같이 홍수시 방류에 따른 댐 기원의 막대한 오염부하가 한꺼번에 해역으로 대량 유출된다는 것이다.

## 3. 쇠퇴하는 어업과 구마강 물의 행방

어업의 쇠퇴 상황을 그림 35에 나타내었다. 그림에는 야츠시로만(八代海)을 3개의 해역(그림 33 참조)으로 구분하여, 농림수산성의 어업통계자료에서 각 해구의 해면어획량를 계산하여 경년적인 어획량 변화를 표시하였다. 3개 해역은 구마모토현(熊本縣)의 동안쪽인 이라누이(不知火) 해구와 서쪽 해역인 아마쿠사(天草) 동해구 및 남부 해역인의 가고시마현(鹿兒島縣) 해구이다. 양식어획량은 양식을 실시하

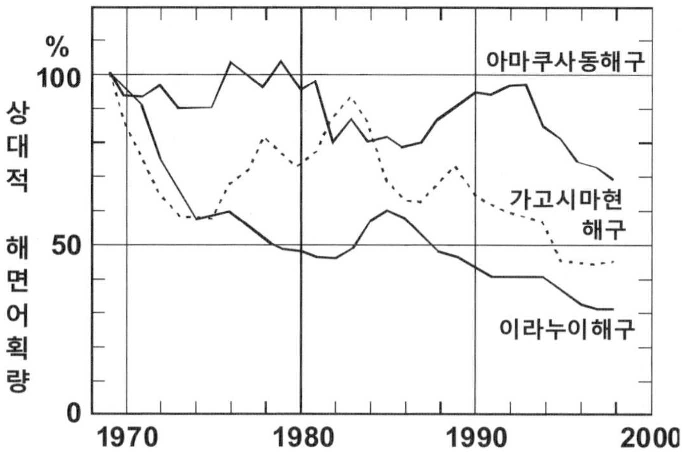


**그림 35.** 야츠시로만의 3개 해구(그림 33참조)에서 해면어획량(3년간의 이동평균을 실시하여 1969년을 기준으로 한 상대값)의 경년변화 (宇野木, 2004)

는 사람의 능력에 의해 생산량 변동이 크게 변화하기에 댐과의 관계가 다소 미약하다고 생각되어 자료에 포함시키지 않았다. 또 그림 35에서는 어획량 자료를 그대로 사용하지 않고, 댐의 영향이 적고 어획이 양호했던 1969년을 100%로 하여 시간의 경과에 따른 각 해구별 변화 추이를 비교하였다. 그림에 의하면 각 해구마다 어획량의 변화는 다소 다르지만, 전체적으로는 시간의 경과에 따라 감소하는 양상을 나타내었다. 어획 감소의 정도는 구마강에서 가까운 이라누이해구에서 가장 심하고, 다음에 가고시마현의 해구, 그 다음이 아마쿠사의 동해구이다.

이와 같은 결과는 실제로 구마강에서 야츠시로만에 유출된 하천수가 확산되어 가는 순서와 일치한다. 즉 하천수의 확산은 해수의 염분농도로 쉽게 파악할 수 있고, 그림 36(a)에 나타낸 염소량3)(이것을 1.8배하면 대략의 염분값이 된다)의 분포에 따르면, 구마강 하천수가 유입되는 하구역에서 가장 낮고, 이라누이해구, 가고시마현의 해구 그리고 아마쿠사의 동해구 순으로 점차 높아지는 것을 알 수 있다. 그리고 그림 36(b)에는 해역에서 주기적으로 변화하는 조류의 방향과 크기를 제외한 흐름의 평균값(항류, 恒流[4])을 나타내었고, 그림으로부터 구마강 하류의 물질은 이라누이해구의 연안을 따라서 북동에서 남서의 가고시마의 해구 방향으로 흘러가게 되며, 다음에는 서서히 아마쿠사 동쪽의 남부연안을 향해 변해 간다.

이들 결과를 거꾸로 말하면 염분이 낮을수록, 즉 구마강(球磨川)의 영향을 강하게 받는 해역일수록 해면어업의 감소율은 크게 된다고 할 수 있다. 주변 환경의 변화하지 않으면 어획량은 거의 일정 수준을 유지하게 되고, 어획 감소율은 거의 제로라고 할 수 있다. 따라서 어획 감소율이 커진다는 것은 주변 환경에 변화가 발생하고 있음을 나타낸다. 다시 말하면, 이라누이 해구에서 어획 감소율이 특히 큰 것은 주변 환경의 심각한 변화, 즉 구마강 내부에서 무엇인가의 변화가 있었음을 의미하고, 지금의 경우는 댐 건설이 깊게 관여하고 있는 것을 시사한다.

---

3) 해수를 구성하는 성분 중에 가장 많은 양으로 존재하며, 과거에는 해수의 염수량을 적정하고 이것에 일정량의 상수를 곱하는 경험식에 의해 염분을 계산하였다. 그러나 현재는 해수가 전해질이라는 원리를 이용하여 전기전도도에 의해 염분을 측정하고 있다.

4) 항류(恒流, residual current): 연안의 주기적 흐름에서 조류성분을 제외한 흐름을 말하며, 바다에서 물질의 이동 등을 설명할 경우 유용하게 사용된다.

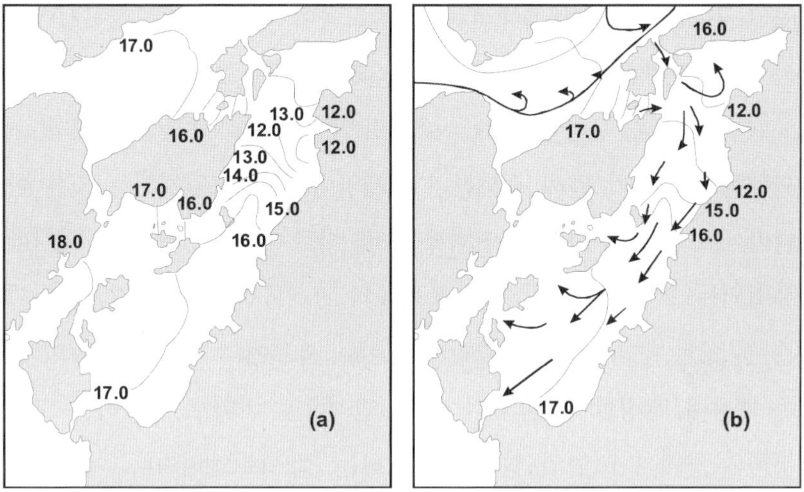


**그림 36.** 야츠시로만에서 염소량의 분포(a)와 조석을 제외한 항류의 분포(b) (기상청, 1974)

## 4. 어획 감소가 심한 해역이 오염부하가 가장 낮다!

중앙정부의 공개 자료를 이용하여 하루에 야츠시로만으로 유입되는 평균의 부하량을 그림 37에 나타내었다. 이것은 야츠시로만을 북부, 남부 및 서부로 구분하여 COD, 총질소, 총인의 가입 부하량을 비교한 것이다. 그림에서 육상에서 가입되는 오염부하량은 하얀 막대로, 해면 양식어업에 동반하여 바다 자체에서 부하되는 오염부하량은 사선으로 나타내었다. 결과 야츠시로만의 북부해역은 육지에서의 오염부하가 대부분을 차지하였고, 남부 및 서부해역은 바다 자체의 오염부하 가입비율이 크게 나타났다. 그림 35와 비교하면 의외로 야츠시로만에서 가입부하량이 적은 해역에서 해면어업의 감소율이 크고, 부하량이 큰 해역에서 어업 감소율이 적어, 이 두 항목사이에는 음의 상관관계를 나타내는 것을 확인할 수 있다.

단 부하량을 구하기 위해 야츠시로만을 3개로 구분한 해역과 어획량을 계산하기 위해 구분한 3개 해역이 완전히 일치하는 것은 아니다. 또 유입 부하량은 연대에 따라 다르기에 이것만으로 바다에 유입되는 오염부하량과 어업 감소율의 관계를 단순하게 결론짓는다는 것 또한 무리가 있다. 그렇지만 이들 자료에서 적어도 다음과 같은 내용을 추정할 수는 있다. 즉 일반적으로 바다로 유입하는 오염부하의 증가가 어업의 쇠퇴를 초래하는 것으로 알려지나, 야츠시로만의 경우 오염부하가 해면어획량의 감소를 발생시키는 주요 원인이라고 주장하는 것에는 객관성이 없으며, 육상의 인간활동에 따른 오염부하 이외에 해면어업의 어획량을 감소시키는 다른 큰 요인이 있음을 쉽게 생각할 수 있을 것이다. 그게 무엇인가에 대해서는 아직 과학적인 인과관계에 의해 분명하지는 않지만 생각할 수 있는 것은 여러분의 판단에 맡긴다.

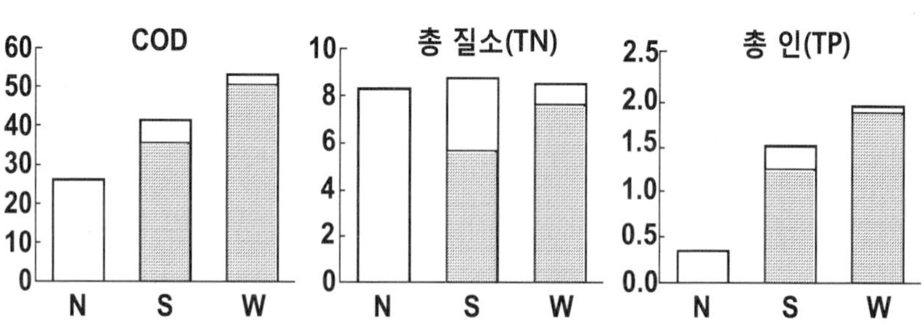


**그림 37.** 야츠시로만의 북부(N), 남부(S), 서부(W)의 각 해역에서 COD, 총질소, 총인의 유입량(톤/일). 하얀 부분은 육지에서, 사선부분은 해면양식에 의한 가입 (국토교통성 가와베강댐 砂防사무소, 2003)

## 5. 댐에 토사퇴적이 심할수록 어획량은 감소한다

하천에 건설된 댐은 하천수와 함께 토사의 수송을 차단하는 역할도 하고 있기에, 댐에 의한 인공 호수에는 시간이 경과와 함께 상류에서 유입되는 토사가 필연적으로 퇴적하게 된다. 퇴적되는 토사의 양은 댐의 저수용량에 대한 비율(퇴적율)로 알 수가 있다. 국가의 공개 자료 및 그림 35의 기준에 따라 1969년 이후의 구마강(球磨川)의 3개 기존댐(아라세(荒瀨))댐, 세도이시(瀨戸石)댐, 이치후사(市房)댐에서의 토사 퇴적율의 변화를 그림 38에 나타내었다. 초기를 제외하면 매년 토사 퇴적량이 증가하고 있음을 분명하게 알 수 있다. 그림 35와 비교하면 댐의 토사 퇴적량이 증가에 따라 바다의 해면어업 어

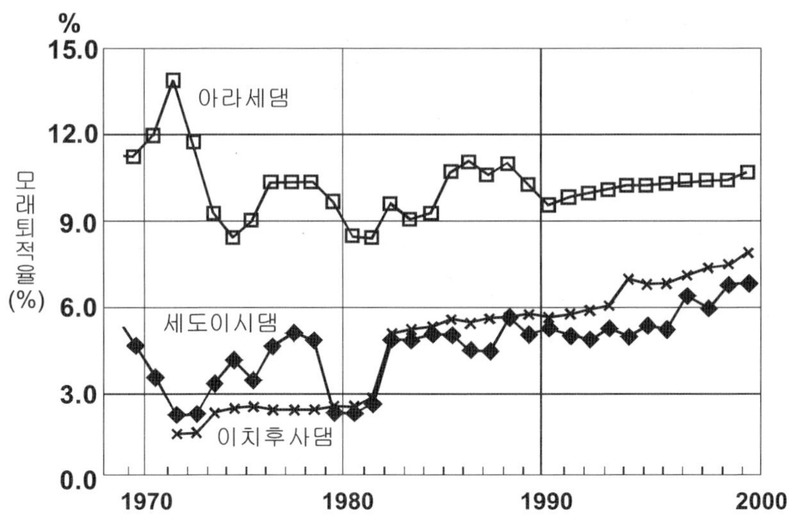


**그림 38.** 아라세(荒瀨)댐, 세도이시(瀨戸石)댐, 이치후사(市房)에서 모래 퇴적율의 경년변화 (국토교통성 외, 2001)

획량은 감소하는 경향을 보이며, 이 둘 사이에는 음의 상관관계가 명확하게 나타나고 있음을 알 수 있다.

댐에 토사가 퇴적된다는 것은 하천에서 수송되어 바다로 유출되는 토사를 차단하는 것이기에 바다에는 그만큼 토사가 유입되지 않게 된다. 앞에서 설명한 것처럼 구마강(球磨川) 하구역의 퇴적물를 구성하는 모래에는 구마강에서 유입된 것이 겨우 절반 정도에 지나지 않고 있음은 과학적인 조사에서 이미 확인되었다. 많은 양의 토사가 하천에서 바다로 유출되지 않게 되면, 지금까지 설명한 것처럼 해안은 해파나 바다의 흐름에 의해 깎여지게 되고, 형성되었던 연안의

**사진 19.** 댐에 의해 형성되는 인공호는 주변에 오염부하원이 없더라도, 상류 및 주변에서 유입되는 토사와 고사된 식물들이 침강하여, 유기물로서 호수저층에 퇴적되기에 시간이 경과와 함께 미생물 분해에 의한 영양염 용출, 미세조류 번삭과정의 반복되면서 급속한 유기오염을 발생시킨다. 오염된 호수의 물은 댐의 개방에 의해 일시적으로 대량 방출 되어 하류의 하천 및 바다에까지 매우 큰 영향을 미치게 된다. 사진은 대청댐에 의해 만들어진 인공 대청호

갯벌이나 천해역은 소멸된다. 또 해저에는 모래를 대신하여 펄이 모이게 되어, 결국 지금까지의 어장은 황폐화 되어, 어업활동은 쇠퇴 또는 소멸하게 된다.

이상에서 1장에서 소개한 어업인의 증언과 같이 야츠시로만(八代海)의 환경의 악화와 어업의 쇠퇴에 있어, 댐 건설과 건설 후 하천의 환경변화가 매우 중요한 원인일 가능성이 높다는 것을 판단할 수 있을 것이다. 그러나 가와베강(川辺川) 댐 건설 관계자는 야츠시로만의 어업 쇠퇴의 원인을 묻는 어민들에게 명확한 설명은 하지는 못하고, 연안해역에 유입하는 오염물질의 증가, 연안개발사업인 간척, 매립, 준설 등에 동반한 지형변화가 원인이 되고 있을 것이라는 이야기만 하고 있을 뿐이다. 이와 같은 연안개발 및 오염물질 유입이 해면어업의 어획량 감소와 밀접하게 관계하고 있음은 당연한 것이지만, 이상의 여러 가지 공개된 자료에서 분석한 결과를 판단하면, 막연한 연안개발만으로 어업 쇠퇴를 모두 설명할 수는 없고, 댐의 건설에 따른 다양한 바다환경의 영향을 부정할 수도 없다고 할 수 있다. 어업쇠퇴의 원인을 댐 건설에 동반하는 것과 댐 이외의 것으로 분리하여 분석하고, 명확하게 전자의 효과는 후자에 비하여 무시할 수 있다는 근거를 제시하지 못하는 한, 댐 건설은 해역의 어업에 영향을 주지 않는다는 주장은 받아들일 수 없으며, 어업인들이 염려하는 내용을 불식시킬 수는 없을 것이다.

## 6. 결국 폐지할 수밖에 없는 아라세댐

2002년 2월에 실시된 구마강(球磨川) 아라세(荒瀨)댐 공사에서는 지금까지 경험한 적이 없는 검은 오탁수와 악취가 발생하였다. 이것은 댐의 수위를 낮춘 것에 동반하여 해저부근의 헤도로(오염된 유기퇴적물)가 재부유 되면서 하천수와 함께 강하류로 배출되었기 때문에 발생한 것으로 판단된다. 홍수 때에 아라세댐에서 막대한 오염부하가 유출되는 것은 그림 34의 결과에서도 이미 설명하였다. 부근 주민들은 아라세댐 때문에 적조발생과 수질악화, 방류시에 발생하는 진동 등으로 지금까지 오랜 기간 고통을 받아왔다. 그래서 결국 이들 주민들의 민원에 대해 같은 해 10월 구마모토현(熊本縣)의 潮谷義子 지사는 7년 후를 목표로 노후화된 아라세댐을 완전히 철거할 것을 표명하였다. 이와 같은 일연의 사건들은 일본에서 탈 댐의 새로운 단계이며, 하천의 재생을 향한 제1보의 의미를 나타내는 것으로서 보도하는 신문논설도 보인다.

**| Supplementary Box |**

### 총질소(總窒素, Total nitrogen)와 총인(總燐, Total phosphorus)

오염부하량을 나타낼 경우 사용하는 용어로서 COD, BOD, SS이외에 총질소와 총인이라는 용어가 있다. 많은 원소 중에 총질소와 총인이 사용되는 것은 수권(水圈, hydrosphere)에는 광합성 식물의 성장에 필요한 다양한 원소 중에 광합성을 할 수 있는 수권 표층(유광층, photic zone)에서 수요량에 비해 공급량의 부족한 절대 원소로서 질소(窒素, nitrogen)와 인(燐, phosphorus)이 작용하며, 이들 원소는 생물의 단백질 조직이나 에너지 전송에 절대적으로 필요한 영양염(榮養鹽, nutrients)으로 생물의 성장을 지배하고 있기 때문이다.

이와 같은 질소와 인은 수권에 원소의 하나의 형태가 아닌 다양한 화합물의 형태로 존재하기에, 분석에서는 존재하는 형태 모두를 합산하지 않으면 안된다. 질소와 인 모두 수권에서 영양염으로 작용하기에 우선 광합성 식물이 이용할 수 있는 무기 형태로 물에 녹아 있는 질소/인형태로 존재한다. 이를 무기용존질소/인(無機溶存窒素/燐, dissolved inorganic nitrogen/phosphorus)이라고 하며, 무기용존질소는 재차 암모니아, 아질산, 질산형태의 화합물로서 존재한다. 이들을 암모니마염(ammonia), 아질산염(nitrite), 질산염(nitrate)이라고도 한다. 용존무기인은 인산의 형태로만 존재하며, 이를 인산염(phosphate)라고도 한다. 그리고 질소/인은 무기형태만이 아닌 아미노산이나 요산, 요소등과 같이 물에 녹아 있는 용존유기질소/인(溶存有機窒素/燐, dissolved organic nitrogen/phosphorus)의 형태로도 존재하며, 일부는 무기/유기 형태를 섭취하여 생물체의 입자형태로서 존재한다. 생물체를 구성하는 입자종태의 질소/인을 입자성질소/인(粒子性(態) 窒素/燐, particulate nitrogen/phosphorus)이라고 한다.

총질소/인은 이와 같이 서로 다른 형태로 존재하는 질소/인 성분을 합한 것으로 총질소/인은 용존무기질소/인(DIN/P) + 용존유기질소/인(DON/P) + 입자성 질소/인(PN/P)의 합을 나타내는 용어이다.

**사진 22.** 육상에서 부하되는 오염물질이 거의 없는 바다는 보이는 색부터 다르다. 사진은 정부의 시범사업으로 추진되는 제주도 북제주 바다목장 해역의 평화로운 모습이나, 담수유입 등이 없어 생물생산은 매우 낮다

제11장

# 가와베강 댐은 야츠시로만에 어떠한 영향을 줄 것인가?

**앞쪽 사진**

대형하천의 경우, 하구역에는 무궁무진한 토사가 퇴적되어 있다. 사진은 중국 양자강 하구의 황토빛 해역에서 소형 선박을 이용하여 바다모래를 채집하는 모습으로, 우리나라 연안의 대형어선에 의한 바다모래 채취와는 크나큰 대조를 이룬다.

국토교통성이 건설을 추진하는 가와베강(川辺川) 댐은 구마강(球磨川) 지류인 가와베강에 위치하여(그림 33 참조), 지금은 댐 본체를 제외한 대부분의 공사가 완료되었다. 이것은 80년에 1회의 큰 홍수를 대비할 수 있도록 계획되었고, 저수용량은 기존의 3개의 댐을 합친 것에 2.2배 정도로 거대한 댐이다. 그러나 국토교통성에서는 이 댐의 건설에 따른 환경영향평가서[1]에서 댐 건설이 바다에 미칠 수 있는 영향은 매우 미소하며, 그 영향을 무시할 수 있다고 주장한다. 그렇지만 강하구역에서 어업활동을 하고 있는 야츠시로만(八代海)의 어업인들은 새로운 댐의 절반 규모도 안되는 기존 3개의 댐에 의해서도 이미 1장에서 설명한 것처럼 막대한 어업피해를 입고 있었기에, 새로운 댐 건설에 의한 바다의 어업활동은 물론 환경영향에 영향이 없다는 중앙행정부의 이야기를 신뢰할 수 없다고 하여, 댐의 건설에 강하게 반대하고 있다.

## 1. 믿기 어려운 바다의 영향예측

가와베강(川辺川) 댐이 야츠시로만의 환경 변화에 미칠 영향에 대하여 국토교통성 산하의 관계부처에서는 유일하게 수치계산에 의한 수질변화를 검토하였다. 이 계산 결과에 의하면 가와베강댐이 야츠시로만에 미치는 영향은 무시할 수 있을 정도로 매우 미약한 것으로

1) Supplementary Box 참조.

평가하고 있다. 이 계산은 간단한 box model을 이용하여 예측계산을 한 것이지만, 이미 필자가 이 평가서의 결과에 대한 문제점을 분명하게 지적 하여, 수치계산결과에 의한 예측은 신뢰하기 어렵다는 것을 지적하였다.

최근에 관계기관에서는 보다 정교한 다층 mesh model을 이용하여, 하천공사가 바다에 미치는 영향에 대해, 환경변화가 심한 여름을 대상으로 이전 보다는 진전된 계산을 실시하였다. 이에 따른 결과 역시 댐 건설 사업이 야츠시로만에 미치는 영향은 무시할 수 있을 정도로 미약하다는 결론을 내리고 있다. 이에 일본자연보호협회는 정보공개법에 근거하여 국가로부터 보고서를 제공받아, 내용을 구체적으로 검토하였다. 보고서에서는 재현성이 좋은 것으로 설명하고 있지만, 실제로 보고서에 표현되는 그림에서는 재현성을 명확히

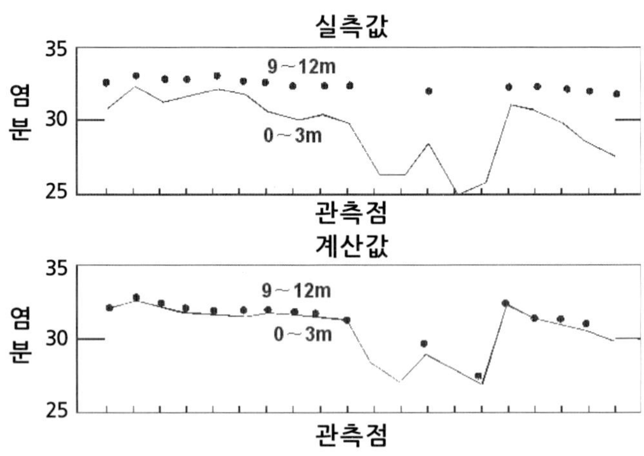


**그림 39.** 야츠시로만의 표층(실선 0~3m 층)과 중층(점, 9~12m 수층)의 염분 비교(宇野木, 2004). 위: 실측값, 아래: 계산값, 八代 河川國道事務所(2003) 자료를 근거로 작성

판단하기 어렵다. 따라서 보고서 그림 자료를 이용하여 재차 알기 쉽게 그림을 재작성하여 검토하였다. 이와 같은 결과를 그림 39에 나타내었다. 그림에서 위에는 실측한 관측값을, 아래에는 계산한 예측값을 나타내었다. 각각의 그림에서 실선은 0~3m층의 염분을, 점은 9~12m층의 염분을 나타내었다. 이로부터 상·하층의 염분이 다르다는 것을 알 수 있다. 염분의 차이는 밀도 차, 즉 해역의 밀도성층의 강도를 대표한다.

위 그림에서 실선과 점 사이에는 큰 차이가 있어, 실제의 바다에서는 표, 중층 사이에 현저한 염분 차이가 있음을 나타내지만, 계산결과를 나타내는 아래 그림에서는 실선과 점은 인접하고 있고, 표·저층 사이의 염분 차이는 매우 작은 것으로 나타났다. 이와 같은 관측값과 계산에 의한 예측값의 불일치는 해역에서 상·하 방향의 혼합에 대한 계산방법이 적절하지 않고, 계산에서는 실제보다도 혼합정도가 강하여 표·저층의 혼합이 잘되고 있음을 의미한다. 다시 말해 계산결과는 대상으로 하는 여름의 성층상태를 제대로 재현시키지 못하고 있으며, 결과가 엉뚱하게도 수온은 높지만 연직혼합이 잘되는 겨울의 해양환경 특성을 나타내고 있다. 지금까지 고수온기의 바다 환경에서 성층상태는 매우 중요한 것임을 강조하였지만, 계산에서는 이와 같은 현상이 전혀 재현되고 있지 않다. 이것으로는 해양환경을 지배하는 밀도류, 해수교환, 물질순환 및 생물생산 기구 등을 정확히 표현할 수 없는 것이 되어, 계산결과가 신뢰하기 어렵게 된다.

더욱이 수질에 대한 재현성도 만족할 수 없었다. 재현성을 나타내는 보고서의 게재 그림에서 표층(1~3m)의 수질 예측값과 실측값의 양자를 비교한 것을 그림 40에 나타내었다. 왼쪽 그림이 COD, 오른쪽 그림이 총인을 나타내었다. 두 인자 모두 실측값과 예측값 사이에는 계통적인 차이가 명확하게 확인된다. 실측값에 비해 예측값은 COD에서는 너무 높고, 총인에서는 너무 낮아, 재현성은 제대로 표현되지 못하고 있어, 계산에 의한 예측정도가 매우 나쁘게 나타났다[2].

이와 같이 정도가 낮은 시뮬레이션 모델을 이용하여 사업에 따른 환경변화를 예측하여 가와베강(川辺川)댐 건설이 바다에 미치는 영향

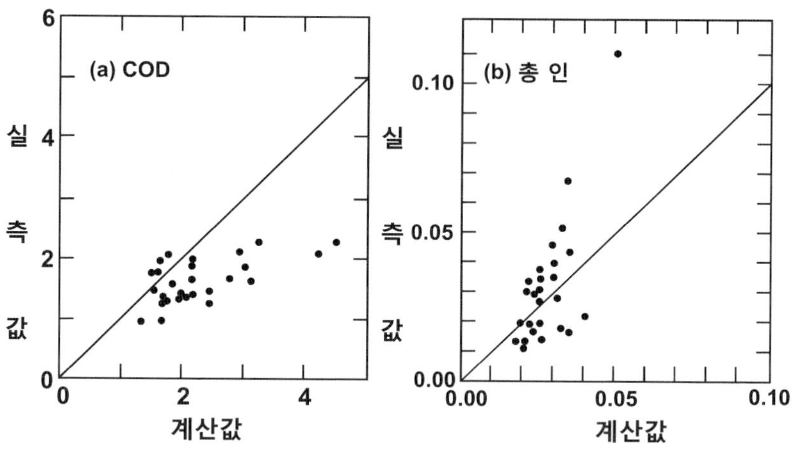


**그림 40.** 야츠시로만의 표층 수질의 실측값(점)과 계산값(직선)의 비교(宇野木, 2004). a: COD, b: TP (단위 mg/L), 八代河 川國道事務所 (2003) 자료를 근거로 작성

2) 실측값은 점으로, 계산값은 직선식으로 표시하였으나, 점들의 분포도를 이용하여 회귀직선을 계산하여 작성하면, COD는 보다 낮은 기울기를, 총인은 보다 높은 기울기를 나타내게 되는데, 계산식으로 표현한 직선식은 그와 맞지 않은 경향을 표현하고 있음.

은 무시할 수 있다고 하고 있다. 가와베강댐 건설당국은 이를 근거로 일반인에게 하천개발의 당위성을 홍보하고 있지만, 보고서를 검토한 전문가 집단이나, 새로운 댐 건설 이전의 소규모 하천공사에 의해서도 막대한 어업피해를 경험하고 있는 어업인들은 이와 같은 내용을 아무도 신뢰하지 못하고 있다.

## 2. 댐 호수의 수질예측도 재현불가

제방에 의해 물이 정체하는 댐 호수에서는 부영양화 현상이 발생하여 호수 밑바닥에는 오염된 유기퇴적물이 퇴적하기 쉽게 된다는 것은 지금까지 충분하게 설명하였다(예 그림 31 참조). 그러나 하천개발의 주체가 되고 있는 국가기관에서는 가와베강(川辺川)댐 호수의 부영양화의 가능성에 대하여, 새롭게 부영양화에 관한 시뮬레이션을 실시하였고, 그 결과 가와베강댐 인공 호수가 부영양화가 될 가능성은 전혀 없다고 주장한다.

이에 대해 程木義邦씨 등은 시뮬레이션 모델에 의해 계산된 결과를 상세하게 검토하였다. 국가 기관에서는 댐 호수의 부영양화 현상을 취급하는 시뮬레이션 모델의 재현성을 조사하기 위해 가까운 가고시마현(鹿兒島縣)에 건설되어 이미 운영되고 있는 츠루타(鶴田)댐을 대상으로 수질의 재현 계산을 실시하였다. 보고서에서 제시된 수질의 4개 항목(총질소, 총인, COD, 클로로필 *a*)의 실측값과 계산에 의한 예측값을 읽어, 두 개의 값 사이를 비교한 결과를 그림 41에 나타내었다. 그림에 의하면 실측값과 예측값의 상관이 매우 나쁘고, 수치계산에 의한 예측값이 각종 수질의 실측값을 재현하지 못하고 있는 것을 쉽게 알 수 있다. 따라서 이와 같은 낮은 정도의 시뮬레이션 모델을 이용하여 가와베강(川辺川)댐 호수의 수질예측 계산을 실시하여, 가와베강댐에 의한 인공 호수는 부영양화 가능성이 없으며, 그에 따라 댐 호수의 부영양화 담수가 하천역이나 해역의 환경에 나쁜 영향을 미칠 가능성은 없다. 라고 하는 국가의 주장도 쉽게 인정할 수 없게 되었다.

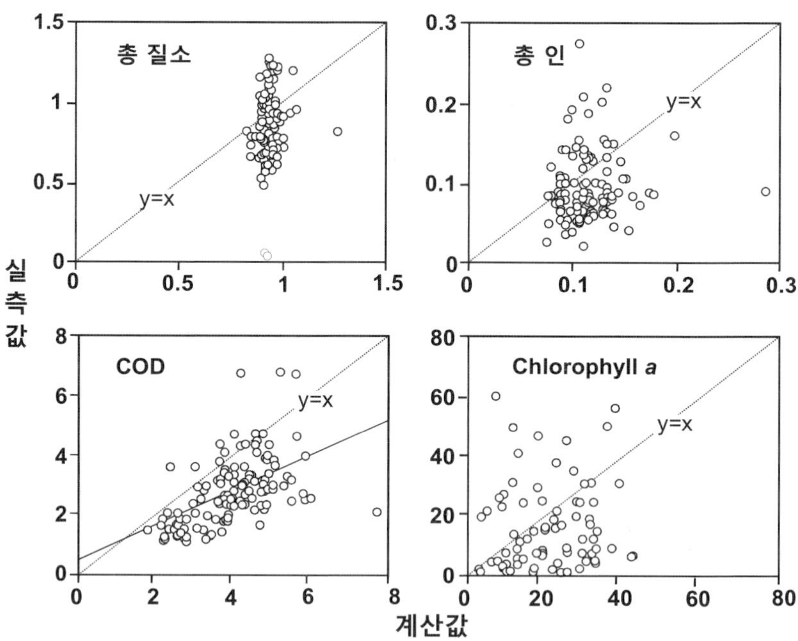


**그림 41.** 가고시마현(鹿兒島縣) 츠르타(鶴田)댐에서 수질(총인, 총질소, COD, 클로로필 *a*)의 실측값과 계산값의 비교. 단위는 mg/L. 국토교통성 규슈지방정비국(2002) 자료를 기준으로 작성 (程木・佐佐木・宇野木, 2003)

가와베강(川辺川)댐의 인공호수로 유입되어 퇴적 가능한 유역의 오염부하와 그 부량에 의해 발생할 수 있는 호수의 오탁문제, 그리고 오탁된 인공호수의 물을 홍수나 기타 필요에 따라 일시적으로 방출하였을 때, 유입되는 해역의 환경조건 및 수용능력 등에 대한 정확한 평가가 있어야만 된다. 그러나 사업 추진을 위한 형식적인 수치계산에 축소된 결과에 의한 평가는 실제 댐 등의 하천개발이 이루어진 다음, 인공 호수내부만이 아닌 홍수 등에 의한 방류로 일시적으로 다량의 오탁수가 바다로 유입되었을 때, 해역에서 발생하는 적조 등의 환경문제는 물론 서식생물의 대량폐사와 같은 현상이 발생될 가능성은 매우 크다. 따라서 가와베강댐의 환경영향평가서에서는 위와 같은 내용에 모든 책임을 감당해야 하는 중앙정부에서 국민들이 신뢰할 수 있는 예측을 실시하지 않았다고 할 수 있다.

## 3. 상상을 뛰어 넘는 댐 호수의 모래 퇴적량

가와베강(川辺川)댐은 치수 목표를 80년으로 설정하고 있으며, 댐이 바다에 미치는 영향은 무시할 수 있다고 국가는 주장하고 있다. 이것은 80년 동안 댐에 토사가 퇴적하여, 그것에 상당하는 모래가 바다로 유출되지 않더라도 바다에는 영향이 없다는 것을 의미하는 것이다.

그래서 댐의 건설을 추진하는 국가기관의 자료에 인용하여 80년간 댐에 퇴적하는 토사의 양을 계산하였다. 계산 결과는 앞에서 설명한 표 4에 다른 기존 댐의 값과 같이 게재하였다. 계산에 의하면 80년 사이에 가와베강(川辺川)댐에서만 2,160만m$^3$의 토사가 퇴적하는 것으로 산출되었다. 게다가 기존 댐을 합치면 3,050만m$^3$라고 하는 막대한 토사 퇴적량이 된다. 이들 댐에 의해 퇴적되는 토사의 양은 61km$^2$라고 하는 광대한 면적의 해저표면에 두께 50cm로 채울 수 있는 상상을 뛰어넘는 막대한 양이다.

이만큼 대량의 모래가 댐에 쌓이게 되면, 바다에 유출되지 않은 모래의 양도 막대하고, 모래 유입량의 격감하는 바다에서는 지형, 환경 및 어장 전반에 걸쳐 다양한 변화가 매우 극심하게 나타날 것

**사진 21.** 해양환경의 변화에 따라 어장환경의 황폐화를 초래하고, 다양한 연안개발은 해파리의 서식을 양호하게 하여, 최근 우리나라 주변해역에서 다량으로 출현하는 해파리. 사진은 동중국해 트롤어구에 고기 대신 어획된 해파리 무리

으로 예상된다. 이와 같은 효과는 당연하지만 환경영향평가서의 영향예측에 삽입되어 있어야만 하지만, 지금까지 영향예측에 전혀 고려되고 있지 않다. 그럼에도 불구하고 이와 같은 상황에 대해 납득 가능한 근거를 제시하지 못하고 있기에, 객관성 있는 증거의 조속한 제시를 기대하여 본다.

## 4. 댐이 야츠시로만에 미치는 영향은 중대

본장에서는 국가가 가와베강(川辺川) 댐의 건설은 야츠시로만에 영향을 미치지 않는다는 근거로 하였던 시뮬레이션 결과는 고수온기의 성층된 바다의 실태와는 거리가 멀다는 점, 바다의 수질과 함께 댐 호수의 수질・저질이 재현되지 않은 점 및 댐에서 막대한 토사퇴적을 무시하고 있는 점 등의 단편적 내용으로만 보더라도 환경영향평가의 신뢰도가 매우 낮다는 것을 분명하게 지적하였다. 따라서 이와 같이 신뢰성이 빈약한 예측 결과를 기본으로 댐 건설이 야츠시로만에 미치는 영향을 부정하는 당국의 주장은 이해할 수 없다. 10장에서 설명한 것과 같이 소규모 댐의 경우에서도 바다환경에 커다란 영향을 미치고 있기에 보다 대규모로 건설되는 가와베강(川辺川)댐 건설이 바다환경에 미치는 영향은 무시될 정도로 미약하다는 내용은 일반적인 상식으로도 납득할 수 없다. 실제 연안 가까이에서 이루어지는 하천개발에 따른 바다 환경에의 영향은 막대할 것으로 예상되기에, 개발사업을 추진하는 중앙정부나 지방정부에서는 보다 명확하고 신뢰할 수 있는 환경영향평가가 수행되어야만 할 것이다.

**| Supplementary Box |**

## 환경영향평가서

환경영향평가(環境影響評價, environmental essesment) : 각종 개발계획 및 개발사업을 수립하고 시행하는 과정에서 환경에 미치는 부정적인 영향을 미리 예측하고 분석하여, 그에 대한 저감방안을 강구함으로써 환경에 큰 영향없이 건전하고 지속가능한 개발을 유도하기 위하여 실시하는 것으로, 우리나라는 「환경 · 교통 · 재해 등에 관한 영향평가법」에 근거하여 실시하고 있다.

환경영향평가의 도입 취지는 사업자가 개발사업의 계획을 수립할 때에 사업의 효율성, 경제성, 기술적 가능성만을 계획의 결정요인으로 취급하던 종래의 의사결정 체계에서 인간의 삶의 질을 향상시키기 위한 환경측면의 배려를 의무화하는 의사 결정도구로서 역할을 할 수 있도록 도입되었다.

환경영향평가의 기능과 역할은 개발사업으로 인해 발생 가능한 부정적인 환경영향을 사전에 제거하거나 최소화할 수 있도록 방향을 제공하는 것, 정책 결정권자의 의사결정을 위한 자료 및 합리적인 개발행위 수립을 위한 자료를 제공하는 것. 지속가능한 개발을 위한 사전 예방적인 수단으로서 역할을 수행한다.

환경영향평가가 대규모 개발사업을 대상으로 계획이 확정된 이후에 사업 실시단계에서 개발사업 시행에 따른 환경영향을 줄이기 방안 검토하는 것만으로는 환경친화적인 개발을 유도하는데 본질적인 한계가 있게 된다. 이에 사업의 계획단계에서 사업의 적정성과 입지의 타당성 등 환경성을 사전에 평가함으로써 환경평가의 효율성을 높이기 위한 제도로서 2000. 8. 이후 "환경정책기본법"에 근거한 사전환경성 검토제도를 실시하고 있다.

사전환경성검토제도는 환경에 영향을 미치는 각종 행정계획이나 개발사업을 수립 · 시행하기 전에 환경적 측면에서 입지의 타당성, 개발구상 및 토지이용계획의 적정성, 장래 당해 및 주변지역에 미치는 환경영향을 사전에 검토 · 분석하여 최적의 환경보전대책이 반영되도록 함으로써 '개발과 보전의 조화' 를 이루고 환경친화적인 개발을 유도하여 '환경적으로 건전하고 지속가능한 개발' 을 실현하고자 하는 제도이다.

사전환경성검토제도는 환경영향평가제도와 함께 대표적인 사전예방적 환경정책수단에 속하는데, 두 개의 제도 모두 환경에 미치는 영향을 사전에 고려, 검토 · 평가하여 친환경적인 개발이 되도록 한다는 점에서 유사하나 환경영향평가제도는 「환경 · 교통 · 재해 등에 관한 영향평가법」에 근거하여, 대규모 개발사업을 대상으로, 계획이 확정된 후 사업 실시단계에서 환경영향을 검토하는 것에 비해, 사전환경성검토제도는 「환경정책기본법」과 개별법에 근거하여, 행정계획과 환경 민감지역의 소규모 개발사업을 대상으로, 계획이 확정되기 이전단계에서, 입지나 개발의 적정성 · 타당성을 환경적 측면에서 사전 검토한다는 점에서 차이가 있다.

**사진 22.** 하구에서 유입된 토사성분에는 바다의 기초생산자가 성장하는데 절대적으로 필요한 영양염이 대량으로 포한된다. 따라서 하천수 유입이 원활한 연안해역은 수산생물의 양식장으로 매우 적합하여 조개나 해조류의 양식장으로 이용된다. 사진은 섬진강 하구인 여수 돌산 북동부에 위치하여 자연산 먹이를 이용하는 홍합양식장의 모습

# 맺 음 말

**앞쪽 사진**

침식의 진행되는 해안과 이안제 모습 ; 하천개발에 의해 토사 유입의 차단된 해안에서 보여 지는 해안침식과 침식을 방지하기 위한 방조제 및 이안제의 모습 (일본 니가타 연안의 모습)

본서에서는 하천사업에 의해 강이 변하게 되면 바다는 어떻게 변화될 것인가의 관점에서 살펴보았다. 지금까지 중앙정부의 하천당국은 상류에 건설하는 댐이 바다에 영향을 미친다는 것은 어불성설이라는 입장에서 어민들이나 지역 주민들의 항의를 일축하여 왔지만, 현실적으로 하천사업은 상류, 중류, 하류를 불문하고 하구가 위치하는 내만/연안 해역에 많던, 적든 다양한 영향을 주는 것은 분명하다고 할 수 있다. 경우에 따라서는 내만해역의 어업 등에 괴멸적 타격을 받기도 한다. 그러나 영향이 나타나는 것이 하천 내부와 비교하여 매우 완만하여 오랜 기간을 필요로 하고, 또 매립, 간척 및 준설 등 다양한 연안개발 등 다른 요인과 중첩되어 나타나기에 어느 한 사업에 대한 영향만을 도출하여 판단하기 어렵다. 또 그 영향을 인식하는 시점에서는 이미 돌이킬 수 없는 상태로 진전되어, 손을 쓸 수가 없게 되는 경우도 많다. 그리고 영향의 실태파악에 대한 연구도 매우 뒤져 있다. 우리들은 앞으로도 강과 바다의 자연을 보호하여, 그들로부터 많은 은혜를 입지 않으면 안 된다. 그래서 하천사업과 바다와의 관련에서 지금부터 우리가 생각하지 않으면 안 되는 몇 가지를 정리하였다

## 1. 강과 바다가 일체라고 하는 발상과 관리

지금까지는 강은 강, 바다는 바다라고 생각하여 각각의 입장만을 고려하여 연속하는 물의 흐름을 제멋대로 단절시키고 임의적 해석

을 실시하여, 해역의 환경 악화 및 어업의 쇠퇴를 초래하는 결과를 가져왔다. 앞으로는 강과 바다를 수계일체로 한 발상과 관리가 필요하다. 다행스럽게 새롭게 설치된 국토교통성은 강과 바다를 함께 함께 취급하는 것이 가능하기에, 농림수산성나 환경청과 연계를 긴밀하게 하여 이 문제를 신중하게 검토하여 주었으면 한다.

## 2. 대대 후손을 위한 사업의 재검토

아름답고 풍요로운 강과 바다를 후세에게 남기는 것은 현재를 살고 있는 우리들의 책임이자 의무라고 생각한다. 정말로 필요한 하천

**그림 23.** 해양의 다양한 자연현상을 조사하기 위한 수단인 조사선. 선박은 국립해양조사원의 운영하는 바다로 1호 전경(남해 EEZ해역의 해사채취에 따른 해양환경조사 중)

사업은 주민의 이해를 얻고 실시해야만 한다. 그렇지만 그렇지 않은 하천사업이 너무 많다. 여러 가지 형태의 사업에 의한 이익배분을 고수하는 사람들의 잘못된 생각으로 바다는 오염의 바다로 변하고, 어업은 쇠퇴를 거듭하여 후세에 커다란 부정적 자산(負의 資産)을 남길 수밖에 없는 상태로 환경을 변화시키고 있다. 현재 각지에서 문제가 지적되는 하천사업은 신중히 재검토하여 중지해야 할 것에 대해서는 중지 해야만 된다.

## 3. 바다를 포함한 신뢰할 수 있는 환경영향평가

하천사업에 대한 환경영향평가의 경우, 종래에는 바다를 포함한 것은 전무하다고 할 수 있다. 또 본문에서 소개한 최근의 예에서도 그 평가는 대부분 납득되지 않은 것이었다. 앞으로는 하천사업의 환경영향평가는 반드시 바다를 포함하여 실시하고, 그것에 최신의 연구결과를 충분하게 도입하여 신뢰할 수 있어야 한다. 이를 위해서는 사용하는 모델의 신뢰도를 확인하기 위해, 예로서 밀도성층, 밀도류, 수질, 저질, 지형변화 등의 재현성을 적당히 하는 것이 아니라 명확하게 나타내는 것이 필요하다. 또 사업의 정당성의 판단은 전문가를 포함하여 공정한 제3자가 실시하는 것이 필수적이라야 할 것이다.

## 4. 이익과 손실의 명확한 평가

성공이라고 전해지는 나일강의 아수완하이댐의 경우에도 건설이 가져다준 손실은 수치로 나타내는 것에는 이론도 있지만, 긍정적 평가에 대해 약 70%에에 해당하는 부정적 측면이 있는 것으로 평가하고 있다. 따라서 반드시 필요한 하천사업의 경우는 당연히 실시되어야만 할 것이다. 그러나 지금까지 대부분의 하천사업에서는 사업으로 인하여 얻을 수 있는 이점에 대해서는 여러 가지 내용을 제시하고 있지만, 사업으로 인하여 발생할 수 있는 손실에 대해서는 정확히 평가하여 제시한 예는 거의 없다. 앞으로는 이와 같은 방식이 아닌 이익과 손실을 가능한 정확히 평가하여, 영향은 있으나 손실은 사업으로 얻을 수 있는 이익에 비해 매우 적다고 하는 내용으로 비용을 부담하는 국민 및 관계자에 사업의 필요성을 이해할 수 있도록 설득하는 것이 무엇보다도 중요하다고 생각한다. 그런 다음 투자효율도 (이익-손실) ÷ (비용)으로 판단하여야 한다.

## 5. 주민참가의 사업계획

주민이 공공사업의 결정과정에 참가하는 것은 직접 민주주의의 실현수단으로서 중요한 의의를 가진다. 헤이세이(平成)에 개정된 하천법에는 하천정비에 관하여 주민으로부터 의견반영에 관한 항목은 있지만, “필요가 있다고 인정할 때에는”라는 행정측의 재량에 위임

하고 있어 충분하지 않다. 하천사업은 공간적으로도 시간적으로도 영향을 미치는 곳이 크고, 화근을 남기지 않기 위해서는 사업계획의 결정에 주민이 참가하는 것이 반듯시 필요하며, 그곳에서 얻어진 결론은 충분히 존중하지 않으면 안 된다. 또 결정에 참가하기 위해서는 유일의 안이 아닌 복수의 대체안에 제시하여 각각의 안에 대한 필요성, 환경에의 영향, 이점, 결점, 실현성, 투자효율 등 위의 3, 4번 항의 결과를 기본으로 하여 주민들이 충분하게 비교검토 할 수 있도록 하는 것이 중요한 필수조건이다.

## 6. 연구의 추진

하천사업이 바다에 미치는 영향의 연구나 조사는 해안침식을 제외하면 매우 적고, 뒤쳐져있다. 특히 개발이 진행된 내만에서는 하천사업의 영향만을 도출하여 논의하는 것이 곤란하기 때문에 연구가 늦어졌다. 게다가 영향의 실태와 그 과정을 분명하게 하는 연구가 긴급하게 요구된다. 예를 들면 댐호나 하구둑호에 축적되어 있는 유기오염 퇴적물에 대해, 그의 질과 양의 거동을 명확히 하는 것, 하천사업이 하구에서 모래의 유출량에 미치는 영향을 파악할 수 있을 것, 홍수시나 방류시에 하구부근의 물, 모래의 운동과 그에 의한 지형, 저질, 어장환경 등의 변화가 이해 가능할 것 등이 특히 필요하다고 생각한다. 또 자연 및 경제의 현상에 대하여 하천사업의 영향과 기타 내만의 임팩트가 복합하고 있을 경우, 각각의 영향을 분리하는 방법의 확립에 대한 연구도 필요하고 조속한 결과가 도출되기를 요망한다.

마지막으로 어느 주부 어민의 시로서 본서를 매듭짓고자 한다. 강의 경우도 이와 같을 것이겠지요!

바다는 잠시 빌려온 것이라네!
어린이에게 돌려줄 때에는 깨끗하게 하여 돌려주세요!
이것이 우리 모두의 사-명!

# 보다 상세하게 알기위해서는

하천사업과 바다환경에 대해 총체적으로 이해 가능한 서적이나 총설을 중심으로 게재하였다. 역사적 경과를 이해하기 위해 발표 연대순으로 나열하였다.

栗原康編, 1988. 河口・沿岸域の生物學とエコテクノロジ-. 東海大學出版會 335pp. : 육지와 바다의 경계의 매우 복잡한 자연의 모습을 생태학을 중심으로 종합적인 해설을 실시하여, 여기에 인간이 개입하는 경우의 문제점과 생각하는 방법에 대하여 기술하고 있다.

松永勝彦, 1993. 森が消えれば海も死ぬ. 講談社ブルーバックス, 190pp. : 육지의 숲과 바다의 생물은 깊은 관련성이 있음을 기술하고 있으며, 지구환경에 미치는 삼림의 커다란 역할을 소개하고 있다. 숲과 바다를 연결하는 것은 강이다.

B. 엔츠・井出抄(譯), 1994. アスワンハイダム湖- その建設が及ぼした影響. 土木學會誌, 79(5) 별책, 50~52. : 댐 건설의 공과 죄를 간결하게 매듭짓고 있어, 이 문제를 이해하기 위한 좋은 참고서가 된다.

西條八束・奥田節夫(編), 1996. 河川感潮域. 名古屋大學出版會, 248pp. : 하천 하류역으로서 바다의 영향을 강하게 받는 감조역의 이해는 지금까지 매우 빈약하였지만, 나가라강 하구언 문제 이후 축적되어 온 연구 성과가 종합적으로 정리되어 있다.

宇多高明, 1997. 日本の海岸寢食. 山海堂, 442pp. : 해안침식은 매우 복잡하여 이론이나 실험으로는 쉽게 대처할 수 없다. 막대한 현장 자료를 이용하고 있기에, 해안침식의 실태를 알고, 대책을 생각하는 데에 매우 적합한 도서이다.

水産海洋學會, 1997. 水系をつないだ生態系硏究 - 統合的な沿岸管理の可能性を探る. 水産海洋硏究, 61, 179～206. : 수산해양심포지움의 6개 화제를 정리하고 있다. 삼림에서 연안에 미치는 수역생태계를 둘러싼 각각의 내용을 서술하여, 수역 전체의 통합적 관리의 중요성을 지적하고 있다.

Patrick McCully(著), 鷲見一夫(譯), 1998. 沈默の川-ダムと人權・環境問題. 築地書館, 412pp. : 강을 제어하는 공학적 접근의 한계를 생태학적・정치학적 관점에서 하천을 보호하고 회복할 수 있는 key에 대하여 고찰하고 있다.

村上哲生・西條八束・奧田節夫, 2000. 河口堰. 講談社, 188pp. : 長良川 하구언 문제의 연구자로서 10여년 이상 관여하였던 저자들이 하구언의 환경에 미치는 영향을 구체적으로 검증하여, 하천행정과의 접점에서 얻은 경험도 전한다.

杉本隆成・奧西一夫・諏訪浩(編) 2000. 山地・河川・海岸を通じての物質移動. 月刊海洋, 32, 135～201. : 수리와 생태계의 연구자가 한 자리에 모여서 표제의 화제를 논의한 12편의 보고를 정리한 것이다. 물질이동이 환경이나 방재 과학적 문제에 주어진 역할을 생각한다.

宇野木早苗, 2001. 川と海の關係- 物理的觀點から. 沿岸海洋硏究, 39, 69～81. : 지금까지 명료하게 취급한 적이 적었던 강과 바다의 관계를 물리적 문제를 중심으로 종합적으로 논술하고 있다.

西條八束, 2002. 內灣の自然死, 三河灣の再生をめざして. あるむ, 76pp. : 미카와만을 오랜 기간 연구한 저자가 강의 영향을 자신의 시야에서 부각시키고, 내만의 역동성을 알기 쉽게 설명하여 빈사 상태의 바다를 재생시키는 길을 제시하고 있는 도서이다.

九州辯護士會聯合會・熊本縣辯護士會, 2002. 川と海を考える- 環境保全と住民參加. 第55會 九辯連大會 symposium 報告書, 179pp. : 폐쇄성 해역과 그에 연결되는 하천은 일체로서 취급하여 환경을 보존해야 한다는 생각으로 환경실태 조사나 현상의 법제도를 검토한 결과를 기술하고 있으며, 더욱이 대규모 공공사업에서 주민참가의 법제도의 필요성과 그 확충 및 정비가 필수적인 것인 것을 나타내고 있다.

田崎和江 外 12명, 2003. 富山縣出し平ダムの排砂ゲ-トから排出された黑色濁水の特徵. LAGUNA (汽水域硏究), 10, 1～17. : 가와베강의 모래 배출 문제를 10년 이상에 걸쳐 조사연구를 추진해온 저자들의 그룹은 많은 논문과 보고서를 내고 있지만, 이것은 그 중의 하나로, 배출된 흑색 탁수의 실체를 해명하는 데에 유익한 도서이다.

日本海洋學會・沿岸海洋硏究部會, 2003. 陸地と海の相互作用- 海は陸にどのように依存しているか. 沿岸海洋硏究, 40, 97～179. : 연안해양 심포지움의 8개 화제와 매듭을 포함. 연구의 중요성에 비하여 이해가 충분하지 않기에 연구의 현상과 문제점을 기술하고 연구의 방향을 지적하고 있다.

日本自然保護協會, 2003. 川辺川ダム計劃と球磨川水系の旣設ダムがその流域と八代海に與える影響. 報告書 第94號 111pp. : 환경문제는 명확해졌다는 인식을 기본으로 가와베강 댐 건설은 추진되고 있지만, 하천 전체 유역에서 바다에 걸쳐 체계적으로 더욱 뿔매나 희소생물에까지 정력적으로 조사를 실시하여, 결코 환경문제가 명확하게 되어 있지 않음을 검증한 내용이 정리되어 있다.

靑山己織(譯), 2004. ダムの撤去. 岩波書店, 298pp. : 이미 500여개의 댐이 철거가 실시된 미국의 전문가가 그 영향을 환경・경제・사회의 면에서 검토한 결과가 기술되어, 철거문제에 대한 know-how를 제공해 준다.

宇野木早苗, 2004. 內灣の環境と漁業に與えるダムの影響. 海の研究, 13, 301～314. : 댐이 내만의 환경과 어업에 미치는 영향의 실태 이해는 매우 빈약하지만, 지금까지 지견을 정리하여 이들 관계의 해명에 노력하고 있다.

村上哲生・林裕美子・奥田節夫・西條八束 (監譯), 2004. ダム湖の陸水學. 生物研究社, 244pp. : 일본에서는 댐호에 대한 계통적 이해는 매우 빈약하다. 미국의 댐호의 풍부한 자료를 기본으로 학제적 시점에서 댐호 내부의 제과정을 해설하여, 유익하게 얻을 수 있는 내용이 많다.

**사진 24.** 연안은 육상에서 유입되는 다양한 오염 물질의 정화는 물론, 하천에서 공급되는 풍부한 영양염 및 높은 생물생산으로 다양한 해양생물의 안식을 제공하는 매우 종요한 곳이다. 사진은 하루를 정리하는 일몰 시간에 여행의 안식을 제공하는 제주항과 제주국제공항에 착륙을 시도하는 여객기

# 색인

부도 A에서 부도 D에는 본문 중에 등장하는 지명과 해역이름을 일본전체지도와 분획지도에 구분하여 표시하였다. 본문에서 등장하는 대부분의 하천명은 생략하였다. 대부분 하천은 해역의 내만으로 유출되고 있기에, 해역명을 참고하기 바란다.

## 부도 A ; 일본전도

지도 속의 숫자는 일본의 행정구역을 나타내는 것으로 우리의 특별시, 광역시 및 도 단위의 광역 행정단위를 나타내고 있다. 일본은 1개 도(道), 1개 도(都), 2개의 부(府) 및 43개의 현(縣)으로 구성된다, 다음의 B, C, D는 본문의 내용에 자주 등장하는 지역이나 해역을 보다 상세하기 표현하기 위한 지역 구분을 나타낸다.

## 부도 B ; 규슈지방

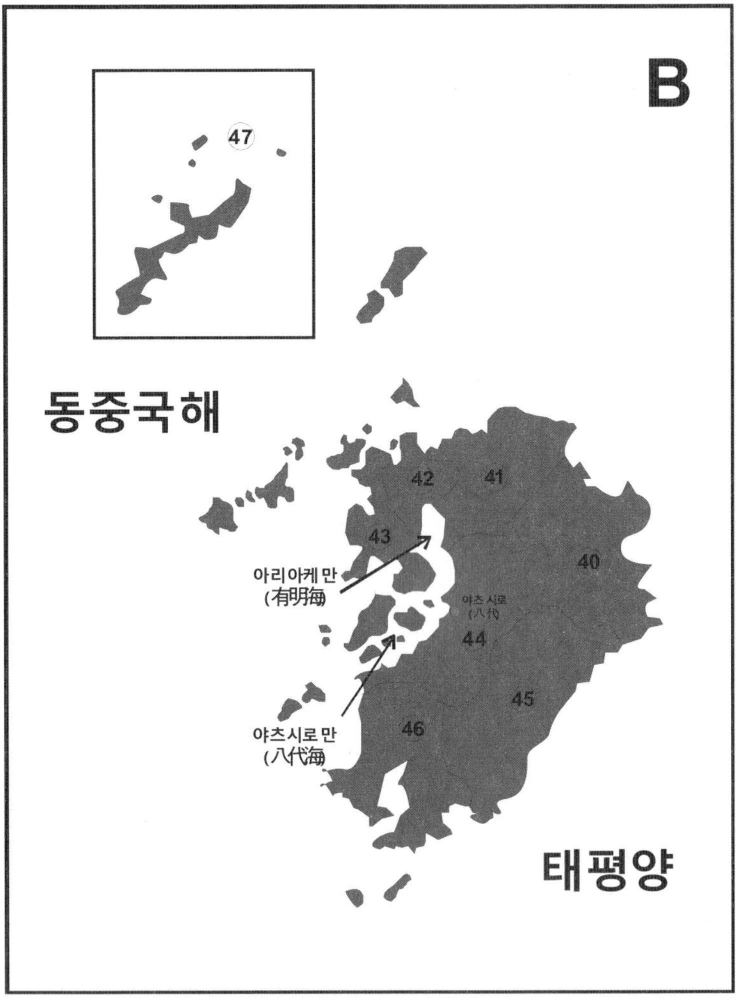


**40** 오이타(大分), **41** 후쿠오카(福岡), **42** 사가(佐賀), **43** 나가사키(長崎), **44** 쿠마모토(熊本), **45** 미야자키(宮崎), **46** 카고시마(鹿兒島), **47** 오키나와(冲繩)

원 숫자는 현(도)의 명칭을 나타내며, 번호별 지역 명칭은 오른쪽 참조. 본문에는 아리아케만 및 야츠시로만을 중심으로 하는 41, 42, 44에 위치하는 지명이 주로 등장한다.

## 부도 C ; 쥬코쿠, 시코쿠, 긴키지방

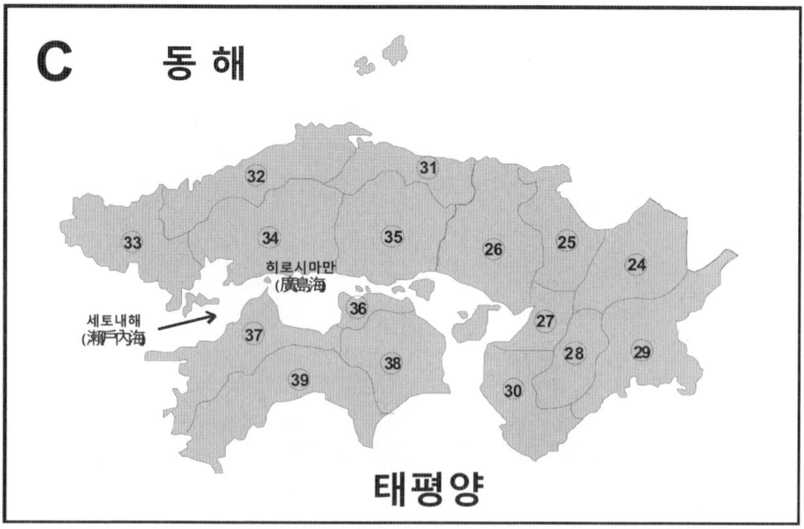


24 시가(滋賀), 25 교토(京都), 26 효고(兵庫), 27 오사카(大阪), 28 나라(奈良), 29 미에(三重), 30 와카야마(和歌山), 31 돗토리(鳥取), 32 시마네(島根), 33 야마구치(山口), 34 히로시마(廣島), 35 오카야마(岡山), 36 카가와(香川), 37 에히메(愛媛), 38 토쿠시마(德島), 39 코치(高知)

일본의 내만해역에서 가장 중요한 세토내해를 나타내는 지도이지만, 본문에서 예로서 등장하는 해역이나 지명에 해당하는 부분은 그다지 많지 않다. 다만, 히로시마만에 대한 내용이 일부 등장한다.

## 부도 D ; 긴키지구 일부와 주부, 칸토, 토후쿠 지방

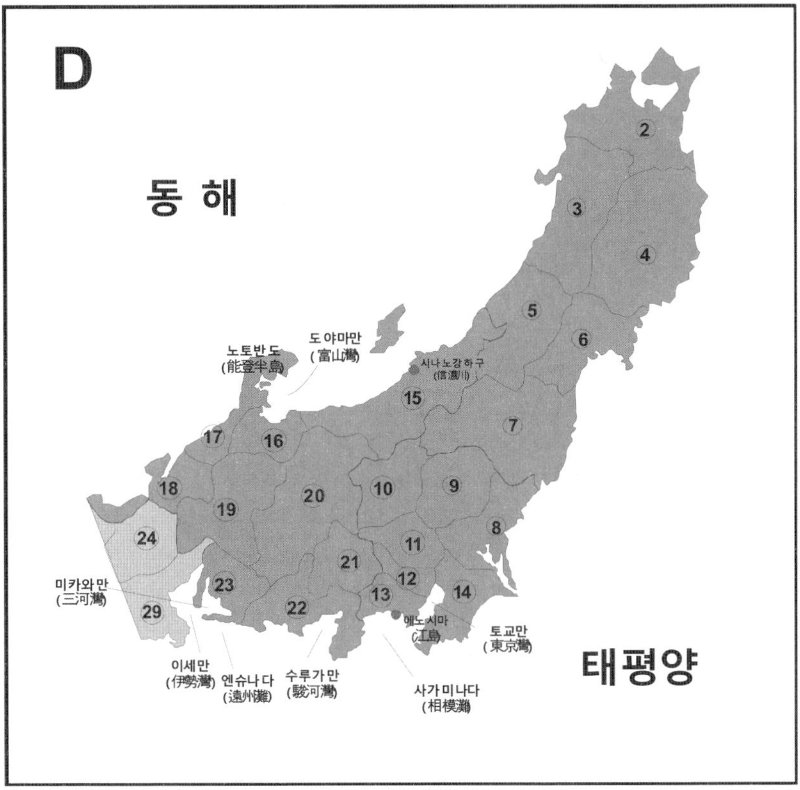


**2** 아오모리(青森), **3** 아키다(秋田), **4** 이와테(岩手), **5** 야마가타(山形), **6** 미야기(宮城), **7** 후쿠시마(福島), **8** 이바라키(茨城), **9** 토치기(橡木), **10** 군마(群馬), **11** 사이타마(埼玉), **12** 토쿄(東京), **13** 카나가와(神奈川), **14** 치바(千葉), **15** 니가타(新潟), **16** 토야마(富山), **17** 이시카와(石川), **18** 후쿠이(福井), **19** 기후(岐阜), **20** 나가노(長野), **21** 야마나시(山梨), **22** 시즈오카(静岡), **23** 아이치(愛知), **24** 시가(滋賀), **29** 미에(三重)

## 저자 소개

**宇野木早苗**(우노키 사나에, Sanae UNOKI)

| | |
|---|---|
| | ▸ 1924년생, 이학박사, 일본해양학회명예회원<br>▸ 氣象技術官養成所(現 氣象大學校) 硏究科 卒業 |
| **경력** | ▸ 기상연구소 주임연구관, 東海대학교 해양학부 교수, 이화학연구소 주임연구관, 일본해양학회 연안해양연구부 회장 |
| **수상** | ▸ 일본해양학회상(연안물리해양학 연구), 일본기상학회 藤原상(고조 연구) 運送大臣賞(태풍 파랑 연구), 일본자연보호협회 沼田상(자연보호에 관련한 연구) |
| **저서** | ▸ 沿岸の海洋物理學(東海大學出版會), 海洋の波と流れの科學(東海大學出版會), 海洋技術者のための流れの科學(東海大學出版會), 河川感潮域(名古屋大學出版會), 海洋環境の科學(東京海學出版會), 內灣の環境科學(培風館), 三河灣(八千代出版), 東京灣の地形・地質と水(築地書館), 東京灣の汚染と災害(築地書館) 외 |
| **연구** | ▸ 초기: 해양재해에 관련한 해양 파동에 대한 연구<br>▸ 중기: 연안의 해양환경에 관련한 내만해역의 해황특성, 해수거동 및 해수교환에 대한 연구<br>▸ 이후: 연안이나 하천 감조역에서 각종 개발이 연안환경에 미치는 영향의 조사 및 문제점<br>▸ 현재: 강과 바다의 관계에 대해 흥미를 가지고 있음. |

## 역자 소개

**윤 양 호(尹良湖,** Yang Ho YOON)

| | |
|---|---|
| **학력** | ▸ 제주대학 어로학과<br>▸ Nagasaki University, 대학원 수산학연구과 수료 (수산학석사, 1986)<br>▸ Hiroshima University, 대학원 생물권과학연구과 수료 (학술박사 (Ph.D), 1989) |
| **주요저서 및 번역서** | ▸ Red Tides-Biology, Environmental Science and Toxicology. Elsevier (1989, 공저)<br>▸ 지구환경과학 Ⅱ. 대한교과서주식회사 (1994, 공저)<br>▸ 해양과학. 문운당 (1994, 공저)<br>▸ 지구환경과학 Ⅱ. 대한교과서주식회사(2000-개정판, 공저)<br>▸ Harmful Algae 2002. FFWCC & IOC (2004, 공저)<br>▸ 가막만 - 자연환경과 산업. 구덕출판사 (2006, 공저)<br>▸ 해양환경공학. 동화기술 (2008, 공저)<br>▸ Reconciling Fisheries with Conservation. AFS (2008, 공저)<br>▸ 2012 여수세계박람회 포럼. 심미안 (2008, 공저)<br>▸ (아름답고 불가사의한 생물) 해파리의 경고. 전파과학사 (2009, 번역)<br>▸ 바다의 반란 적조 (아산재단 연구총서 제304집). 집문당 (2010, 단독) |
| **연구** | ▸ 해양유해생물(적조생물, 해파리 등)의 생리·생태 및 적조발생기구<br>▸ 연안개발과 해양환경오염, 그리고 해양생태계의 천이<br>▸ 해양저차영양단계의 생태구조 및 와편모조류의 생활사(시스트 연구)<br>▸ 해양생물 및 천연재료를 이용한 해양환경복원<br>▸ 유해생물 및 미세조류의 산업적 응용 - 미세조류을 이용한 바이오디젤 개발 등 |

# 하천개발은 바다환경을 어떻게 변화시킬까?

인쇄 | 2010년 11월 10일
발행 | 2010년 11월 20일

저자 | 宇野木早苗
역자 | 윤양호
발행 | 김윤수
발행처 | 전남대학교출판부

등록 | 1981. 5. 21. 제53호
주소 | 500-757 광주광역시 북구 용봉로 77
전화 | (062) 530-0571~3
팩스 | (062) 530-0579
홈페이지 | http://altair.chonnam.ac.kr/~cnup

값 12,000원

ISBN 978-89-7598-868-4 (93520)

이 도서의 국립중앙도서관 출판시도서목록(CIP)은 e-CIP홈페이지
(http://www.nl.go.kr/ecip)에서 이용하실 수 있습니다.
**(CIP제어번호 : CIP2010004286)**